自然资源与人类生活

宁爱凤　乔观民　主编

ZHEJIANG UNIVERSITY PRESS
浙江大学出版社
·杭州·

图书在版编目（CIP）数据

自然资源与人类生活 / 宁爱凤，乔观民主编. --杭
州：浙江大学出版社，2024.8
ISBN 978-7-308-24612-5

Ⅰ. ①自… Ⅱ. ①宁… ②乔… Ⅲ. ①人类活动影响
－自然资源－研究 Ⅳ. ①X24

中国国家版本馆 CIP 数据核字（2024）第 032599 号

自然资源与人类生活

宁爱凤　乔观民　主编

责任编辑	傅百荣
责任校对	梁　兵
封面设计	周　灵
出版发行	浙江大学出版社
	（杭州市天目山路 148 号　邮政编码 310007）
	（网址:http://www.zjupress.com）
排　　版	杭州好友排版工作室
印　　刷	杭州高腾印务有限公司
开　　本	710mm×1000mm　1/16
印　　张	13.5
字　　数	257 千
版 印 次	2024 年 8 月第 1 版　2024 年 8 月第 1 次印刷
书　　号	ISBN 978-7-308-24612-5
定　　价	55.00 元

序　言

一、为什么编写这本教材？

人与自然的关系是人类发展中的一种永恒关系。

自然生态环境是人类生存发展的基础，人类必须自觉维护自然生态系统的良性运行。生物多样性、重要生态功能区得以保护、人类经济活动不超过生态承载力等，是自然生态系统完好的基本表征。然而，在过去的发展阶段（尤其是在工业化、城市化、全球化发展过程中），人类为追求经济利益，在较短的时间内超越了自然生态系统的承载力，导致了自然生态系统的严重破坏，而自然生态系统破坏的后果又往往反作用于人类。可见，人类在实现当代人利益的过程中必须把维护自然生态系统功能完好作为人类行为的基本规则。这种基于维护自然生态系统功能完好的行为，是人类共同利益的一种体现。

人类共同生活于其上的自然生态环境是一个"公有物"，任何主体可自由使用。微观个体的资源消耗、环境损耗，静态地看远低于生态承载力，所以对整体的生态环境并无明显影响。但是，无数个体的微量加总则可能超过总的生态承载力，从而导致自然资源的滥用和生态环境的破坏，最终导致人类生存环境的退化甚至毁灭。现实中有诸多例子：公有河流水域的渔业资源属于公有，任何人都可以无限制地捕捞，而过度捕捞必然使得诸多鱼类濒临灭绝，从而使得渔业资源不断减少和生态被破坏；地下水属于公有资源，任何人都可以无限制地开采，从而使得地下水资源匮乏；大气属于公有资源，任何人都可以无限制地向大气中排放废气，从而使得空气质量下降；海洋属于公有资源，任何人都可以无限制地使用海洋资源、无限制地向海洋排放废弃物。毫无疑问，河流、地下水、大气、海洋等"公有地悲剧"的结果，必然是自然生态系统生态功能的退化，其后果是人类整体及每一个个体所不得不承受的。①

瞬间万里、天涯咫尺的全球化传导机制把人类居住的星球变成了"地球村"，各国利益的高度交融使不同国家成为一个共同利益链条上的一环。气候变化带来的冰川融化、降水失调、海平面上升等问题，不仅给小岛国家带来灭顶之灾，也

---

① 钟茂初."人类命运共同体"视野下的生态文明[J],河北学刊,2017(3):112-119.

将给世界数十个沿海发达城市造成极大危害。资源、能源短缺涉及人类文明能否延续,环境污染导致怪病多发,并跨境流行。面对越来越多的全球性问题,任何国家都不可能独善其身;任何国家要想自己发展,必须让别人发展;要想自己安全,必须让别人安全;要想自己活得好,必须让别人活得好①。

新全球化时代,面对依然充满激烈矛盾和紧张冲突的,并不安宁的当代世界,中国政府立足人类历史正道之公共价值的立场,着眼于全人类根本的长远利益和共同的公共福祉,创造性地提出"五大发展理念"以及"人类命运共同体"的理念和构想,这深刻体现出中国共产党人的远见卓识、世界情怀和责任担当,是其为全球治理和善治的实现目标;着眼人类社会的整体性发展所贡献的卓越的、具有文明新高度的"中国方案"和"中国智慧",为实质性地不断增进全人类共同的福祉、实现人类共同价值,呼求一个平等、正义、秩序的美好世界,提供了共同行动计划,指明了具体努力方向,勾画了一个可预期的理想远景②。

党的二十大报告指出,"坚持绿水青山就是金山银山的理念,坚持山水林田湖草沙一体化保护和系统治理""中国式现代化是人与自然和谐共生的现代化"。人与自然和谐共生是生态文明建设的要义。生产力有劳动者、劳动工具、劳动对象三个要素。近代工业文明把生产力作为改造自然的能力,把劳动对象——自然资源——作为用之不竭、毁之无害、弃无不容的被动的仓库,没有认识到自然的生态承载力限度,导致生态危机。环境生产力论断确立了环境在生产力构成中的基础地位,突破了近代意识,丰富和发展了马克思主义生产力思想。绿色生产方式是走新型工业化道路,有绿色产业、绿色制造、循环经济、清洁能源、低碳经济等具体措施。习近平总书记主张"把农村丰富的生态资源转化为农民致富的绿色产业,把生态环境优势转化为生态农业、生态工业、生态旅游等生态经济的优势"③,使绿水青山变成金山银山。绿色制造是指生产全程控制,形成资源节约型、生态环保型的制造业发展新格局。循环经济是形成企业间生产代谢和共生关系的生态产业链,物质能量多层次循环使用,使生产成为"资源—产品—再生资源"的零排放过程。绿色生活方式旨在建立资源节约型和环境友好型社会,"善待地球上的所有生命",这是人与自然和谐相处的"社会革命"④。生态是

① 曲星.人类命运共同体的价值观基础[J].求是,2013(4):53-55.
② 袁祖社."共享发展"的理念、实践与人类命运共同体的价值建构[J].南京社会科学,2017(12):46-53.
③ 中央宣传部、生态环境部.习近平生态文明思想学习纲要[M].北京:学习出版社、人民出版社,2022:28.
④ 乔清举.习近平的生态文明思想,人民网—理论频道[EB/OL].(2017-01-17)[2023-7-14].http://theory.people.com.cn/n1/2017/0117/c352499-29030443.html.

统一的自然系统,是相互依存、紧密联系的有机链条;山水林田湖草是生命共同体,这个生命共同体是人类赖以生存发展的物质基础。这要求我们必须从系统工程和全局角度推进生态环境治理,统筹兼顾、整体施策、多措并举,全方位、全地域、全过程开展生态文明建设。①

二、教材的关注点

人的生产和生活,须臾离不开自然界所提供的基础环境,包括空间环境、气候环境、水环境、生物环境等,离不开各类物质与能量的资源保证,离不开环境容量和生态服务的供给,离不开自然演化进程所带来的挑战和压力,甚至也必须承认人本身也是自然进化的产物。如果没有人与自然的和谐共存,没有人与自然的协同进化,没有一个环境友好型的社会,就不可能有人的生存和发展,当然就更谈不上可持续发展。

一般认为,可持续发展理论的"外部响应",应当是处理好"人与自然"之间的关系,可以认为这是可持续能力的"硬支撑"。可持续发展战略的"内部响应",应当是处理好"人与人"之间的关系,可以认为这是可持续能力的"软支撑"。可持续发展作为人类文明进程的一个新阶段,所体现的一个核心内容是社会的有序程度、组织水平、理性认知和生产效益的推进能力。一个和谐社会的建立,必须处理好人自身的各类关系,诸如利益集团之间的关系、民族和国家之间的关系、不同阶层和不同收入群体之间的关系、当代人和后代人的关系、本地区和其他地区乃至全球之间的关系等;必须在和衷共济、和平发展的氛围中,求得整个社会的可持续进步。一个不和谐、不稳定的社会,也就失去了可持续发展的存在根本②。

只有在"人类命运共同体"视野下才能真正认识到"可持续发展"理念的本质意义,即任何"发展"必须以保障全球自然生态系统的可持续性为约束因素。总体而言,下面的三句概括,有助于对可持续发展内涵的认知:第一,只有当人类向自然的索取能够与人类向自然的回馈所平衡的时候;第二,只有当人类对于当代的努力能够同对后代的贡献相平衡的时候;第三,只有当人类为本区域发展的思考能够同时考虑到其他区域乃至全球利益的时候。③

---

① 以习近平生态文明思想引领美丽中国建设——深入学习《习近平谈治国理政》第三卷[EB/OL].
(2020-08-14)[2023-07-14]. https://www. xuexi. cn/lgpage/detail/index. html? id＝114374880540679
11709.

②③ 牛文元:可持续发展理论的内涵认知——纪念联合国里约环发大会20周年[J]. 中国人口·资源与环境,2012,22(5):9-14.

"自然资源如何影响人类生活、生产""'人类命运共同体'作为代表人类整体利益的主体,又是如何保护自然生态系统和维护后代人自然资源拥有者的权利"是本教材的关注点。这些关注点将通过一个个鲜活的案例展现给读者。

三、教材的创新

稀缺性是资源的重要特性。资源是一定时代下的产物,也是需求、科技、社会建构下的产物。本书采用理论与实践、宏观与微观相结合的方式对概念、实践进行展示、分析,以增加教材的可读性和知识性。

在人类命运共同体、可持续发展的理论框架下,针对每种资源,本教材按照"资源基本知识—资源与人类生活的关系—利用资源的实践—过度利用资源的案例—资源可持续利用的实践探索"的逻辑展开。人类在自然资源的使用中,可能会面临一系列挑战和问题,如资源争夺、资源浪费、环境污染……这些问题以案例呈现在教材中,增加了教材的鲜活性、可读性;教材本着人与自然和谐相处的理念,收集循环利用、高效配置、全球治理等推动资源可持续利用的实践案例,增加了教材的时代性和前沿性。

目　　录

第一章　自然资源与人类生活概述

人类发展活动必须尊重自然、顺应自然、保护自然，否则就会遭到大自然的报复。这个规律谁也无法抗拒。人因自然而生，人与自然是一种共生关系。人类对自然的伤害最终会伤及人类自身。只有尊重自然规律，才能有效防止在开发利用自然上走弯路。……推动形成绿色发展方式和生活方式……像保护眼睛一样保护生态环境，像对待生命一样对待生态环境，坚决摒弃损害甚至破坏生态环境的发展模式……让中华大地天更蓝、山更绿、水更清、环境更优美。①

第一节　自然资源的概念

一、自然资源的概念

"资源"是指一国或一定地区内拥有的物力、财力、人力等各种物质要素的总称，分为自然资源和社会资源两大类。前者如阳光、空气、水、土地、森林等；后者包括人力资源、信息资源以及经过劳动创造的各种物质财富。现代经济学家认为资源有3大类：自然资源、资本资源、人力资源，或者说土地、资本、劳动，也称为生产的基本要素。其中资本包括资金、厂房、机器设备、基础设施等，它们在现代经济活动中是很重要的因素。但究其来源，还是土地和劳动。威廉·配第（William Petty）认为"劳动是财富之父，土地是财富之母"，这句话得到了马克思的高度肯定。

（一）自然资源定义

关于自然资源的定义众说纷纭、莫衷一是，主要有以下几种：地理学家金梅曼（Zimmermann）在《世界资源与产业》中指出"无论是整个环境还是其某个部分，只要它们能或被认为能满足人类的需要，就是自然资源"。1970年联合国自然资源委员会提出"人在其自然环境中发现的各种成分，只要能以任何方式为人类提供福利的都属于自然资源"。1972年联合国环境规划署（UNEP）进一步定

---

① 习近平.习近平谈治国理政（第二卷）[M].北京：外文出版社，2017：394-395.

义为："所谓资源,特别是自然资源,是指在一定时间、地点的条件下,能够产生经济价值的、以提高人类当前和将来福利的自然环境因素和条件。"《大英百科全书》把自然资源定义为:"人类可以利用的自然生成物及生成这些成分的源泉的环境和功能。"

著名资源经济学家阿兰·兰德尔认为,自然资源是由人发现的、有用途和有价值的物质。自然状态的或未加工过的资源可被输入生产过程,变成有价值的物质,或者可以直接进入消费过程给人们以舒适而产生价值。首先,没有被发现或发现了但不知其用途的物质不是资源;同样,虽然有用但与需求相比,因数量太大而没有稀缺性的物质也不是资源。资源是一个动态的概念,信息、技术和相对稀缺性的变化都能把以前没有价值的东西变成有价值的自然资源。其次,人类在把资源、资本和技术结合起来的过程中生产出来的物质,虽然其中含有资源的成分,但也不能称之为自然资源。

上述各种自然资源的定义都是把自然资源看作天然生成物,但实际上现在整个地球都已或多或少地带有人类活动的印记,现在的自然资源中已经融入了不同程度的人类劳动结果。因此,中国自然资源学者蔡运龙等人认为:自然资源是人类能够从自然界获取以满足其需要的任何天然生成物及作用其上的人类活动结果,自然资源是人类社会取自自然界的初始投入。在现代生产发展水平下,为了满足人类的生活和生产需要而被利用的自然物质和能量,称为"资源";由于经济条件的限制还难以利用的自然物质和能量,称为"潜在资源"。

综上,本书认为自然资源是指存在于自然界,在一定时间条件下,能够产生经济价值,以提高人类当前和未来福利的物质和能量的总称。

(二)自然资源的基本特征

从自然资源的定义可以看出,自然资源具有以下特征:

1. 自然资源属于天然生成物。地球的陆地面、具有自然肥力的土壤、地壳中的矿物、可供人类利用的液态水、作为人类食物的野生动植物等,都是自然过程产生的天然生成物。

2. 自然资源是由人来界定的。自然界中的生成物成为资源需要具备两个条件:一是人类对它本身或者它能产生的物质或服务有某种需求;二是人类必需已经具有了获得和利用它的知识、技能。

3. 自然资源的范围是不断扩大的(社会性)。人类的需要不断增加,人类对自然界的认识不断加深,人类利用自然资源的能力不断发展,导致自然资源开发利用的范围、规模、种类和数量都在不断扩大。

自然资源的概念不是一成不变的,人们对自然资源的认识和利用过程是随着生产力的发展和科技的进步而逐渐拓展的。

专栏 1-1 黑土地、红土地、黄土地

寒地黑土是寒冷气候条件下地表植被死亡后经过长时间腐蚀形成腐殖质后演化而成,以其有机质含量高、土壤肥沃、土质疏松、适宜耕作而闻名于世,素有"谷物仓库"之称。经过数百年的累积,黑土的土层中腐殖质和有机质含量极为丰富。全世界仅有三大块黑土区和一块红化黑土区,即乌克兰的乌克兰平原、美国的密西西比平原、中国的东北平原、南美洲阿根廷至乌拉圭的潘帕斯草原,其中潘帕斯草原为亚热带红化黑土区。我国长江以南的广大丘陵地区,分布着一种在当地高温多雨条件下发育而成的红色土壤。这种土壤含铁、铝成分较多,有机质少,酸性强,土质黏重,是我国南方的低产土壤之一,主要分布地包括:江西、湖南两省的大部分,滇南,湖北东南部,广东及福建两省北部,贵州、四川、浙江、安徽、江苏等的一部分,以及西藏南部等地。世界上的黄土主要分布在北半球的中纬度干旱及半干旱地带。南半球除南美洲和新西兰外,其他地区很少有黄土分布。中国的黄土和黄土状土主要分布在昆仑山、秦岭、泰山、鲁山连线以北的干旱、半干旱地区。原生黄土以黄河中游发育最好,主要是山西、陕西、甘肃东南部和河南西部。此外,在北京、河北西部、青海东部、新疆地区、松辽平原、四川、三峡一带、皖北淮河流域和南京等地也有零星的黄土分布。我国黄土的弧线分布除了受山脉地形控制外,还与我国气候的带状分布有关。黄土分布范围大致为年平均降雨量 300~700mm,降雨量小于蒸发量的地区,主要分布在温带地区。戈壁、沙漠和黄土从西北向东南顺次成带状分布。

4. 自然资源的有限性。地球上自然资源的储量是有限的。对非生态资源而言,随着人类消耗量的增加,资源储量会逐渐减少直至完全耗尽(如石油);对生态资源而言,如果人类的利用速度超过其更新速度,也会导致枯竭(如森林)。

5. 自然资源的整体性。各类自然资源都不是孤立存在的,在时空上往往交互重叠、互相依存,共同构成完整的资源系统,对任何一种资源的开发利用必然对其他资源产生影响,并进而导致整个资源系统的变化。

6. 自然资源的地域性。由于地带性因素的影响,同类自然资源的分布是不均衡的,类型、储量、质量也有很大差别。

7. 自然资源的多用途性。一种自然资源的功能也是多样的,比如森林既可

以提供木材、林木等主副产品,还具有涵养水源、调节气候、净化空气等多重生态功能,这些功能整体地发挥作用,人们不可能在改变资源系统中某一项功能的同时又使周围的其他因素保持不变。

8. 公共性。自然资源是全社会、全人类所共有的财富,其中有相当一部分原则上不能限制任何人享用其所提供的生态、社会服务,任何人对某些资源的享用也不会影响他人的享用。同时,不少自然资源从物质形态上也是不可割裂的,如巨大的水体、奔腾的江河、广阔的海洋、无法固定的环流大气等,因此,自然资源本身在很大程度上具有公共物品的属性。

专栏 1-2　判断自然资源的方法

自然属性:存在于自然界,人们可以直接从自然界中获取。

经济属性:能产生经济价值,以提高人类目前和未来福利的物质与能量才能称为自然资源。

时代属性:在不同的社会发展阶段,自然资源的内容、类型划分和经济价值往往不同。例如,在石器时代,铁矿对人们来说不属于自然资源;而在工业时代,铁矿是工业发展必不可少的自然资源。

二、自然资源分类

自然资源是一个历史、动态的认知概念,受科技水平、生产方式、伦理价值制约。国际上的自然资源分类方法有许多种,本书主要分三个方面介绍。一是国际统计机构的自然资源分类,主要是 SNA 和 SEEA 两项国际统计标准,在其统计框架下会有专门针对资源类型的划分,也是相对比较权威且得到公认的资源分类方法。二是选择了部分国家(美国、俄罗斯)研究其自然资源分类。三是一些国际组织的自然资源分类。

(一)SNA 和 SEEA 的自然资源分类

1. SNA 自然资源分类。国民账户体系 2008(System of National Accounts 2008, SNA 2008)是联合国、欧盟委员会、经济合作与发展组织、国际货币基金组织和世界银行集团联合主持制订和发布的宏观经济账户统计框架。SNA2008 的自然资源明细项目包括土地、矿产和能源储备、非培育性生物资源、水资源、其他自然资源和无线电频谱。SNA2008 虽然比较重视的是国内生产总值及其增长速度,但仍将自然资源单独作为一项资产纳入表内,以使自然资源的消耗也算入经济增长统计表中,从而建立起系统完善和科学的国民账户体系。

2. SEEA 自然资源分类。国际环境经济核算统计标准是环境经济核算体系中心框架(System of Environmental-Economic Accounting 2012：Central Framework，SEEA 2012)，在该框架中划分了资源环境资产类型。资源存量和环境资产变化的计量方法和步骤在框架中被明确提出。SEEA 2012 分类框架中共有七大类自然资源，包括矿产、能源、土地、土壤、木材、水产、水资源及其他生物资源(木材和水生资源除外)。框架在七大类资源的基础上进一步划分了次一级的资源类型。如矿产和能源资源包括煤(泥炭)、石油、天然气、非金属矿和金属矿资源。木材资源包括培养木材和天然木材资源。水资源包括地面水、地下水和土壤水。

(二)部分国家自然资源分类

1. 美国学界自然资源分类。美国学界对自然资源有多种分类方法，其中较为系统的分类方法是从物质特性和资源再生过程两个方面进行分类(见表 1-1)。

表 1-1　美国学界对自然资源的分类

分类标准	种类	类别
物质特性	生物	鱼类、野生动物类
	非能源矿物	黄金矿、铁矿、盐或土壤
	能源资源	太阳能、木材资源、天然气
	环境资源	水资源、空气、森林资源、臭氧层
再生过程	可永续消费的资源	太阳能、风能、水能、农产品
	可再生资源	地表水、鱼类、野生动物类
	可耗竭资源	石油、天然气、固体矿产、原始的野地、濒危物种、表层土

按照物质特性这一划分标准，自然资源划分为生物资源、非能源矿物、能源和环境资源。根据自然资源再生过程所需时间情况，可将自然资源分为可永续消费的、可再生的以及可耗竭的三类资源。

2. 美国地质调查局资源分类体系。美国地质调查局(United States Geological Survey，USGS)是官方正式指定负责记录美国资源状况的科学机构。USGS 将全部资源分为已探明的和未探明的两种。已探明的分为可证明的(包括可测量的和可描述的)和可推断的；未探明的分为理论存在的和可想性的两种。其中已探明的自然资源又从经济角度分为经济可行的和经济不可行的。同时，对各类资源概念做了说明，见表 1-2。

表 1-2   美国地质调查局对自然资源的分类

分类标准			类别
已探明	现有技术条件下资源地点、数量和质量都可明确证实的资源	可证实的	可测量资源:非常明确的样本区域,资源的数量和质量估算误差小于 20%
			可描述资源:资源数量和质量估算依靠样本分析的同时要通过合理的地质推测
		可推断的	通过直接或间接手段,如科学勘探、数据分析、遥感技术等,能够发现、识别并评估其潜在利用价值的自然资源
未探明	基于地质学知识和理论推测存在但还未能发现的资源	理论存在的资源	有理由期望在已知开采区域内存在但仍未发现的资源
		假想性资源	在仍未发现但有利于某种已知资源存在的地质环境中;或在仍未被认识到有利于哪种资源存在的地质环境中,有可能存在但未被发现的资源

3. 俄罗斯自然资源分类。俄罗斯以列举的方式在其宪法中将自然资源分为土地、森林、矿藏、水和自然保护区等。

4. 我国自然资源分类。国内自然资源分类方法也比较多样,可归纳为学理分类、法理分类和管理分类。

以学理为基础的资源分类法:《中国资源科学百科全书》分类体系。《中国资源科学百科全书》(孙鸿烈主编)的分类方法主要是基于资源的用途和各类资源的自身属性,在我国适用范围较为广泛,且该种分类法是一种较为综合的多层级分类法。该分类法将自然资源分为 3 个一级类别,分别是陆地、海洋和太空(宇宙)自然资源系列。各类自然资源又进行了二级分类,其中土地资源、矿产资源、水资源、生物资源和气候资源这 5 个二级类型属于陆地自然资源系列;海水资源(或海水化学资源)、海洋矿产资源、海底资源、海洋生物资源、海洋气候资源这 5 个二级类型属于海洋自然资源系列。其下又进行了三级类的划分,如土地资源又分为耕地资源、林地资源、草地资源、荒地资源等。

以法理为基础的资源分类法:我国在《宪法》中自然资源共有 7 类,分别是矿藏、森林、草原、水流、山岭、滩涂、荒地。在《宪法》第九条当中明确规定:"矿藏、水流、森林、山岭、草原、荒地、滩涂等自然资源,都属于国家所有,即全民所有;由法律规定属于集体所有的森林和山岭、草原、荒地、滩涂除外。国家保障自然资源的合理利用,保护珍贵的动物和植物。"

表 1-3　中国资源科学百科全书的多级综合分类系统

一级类	二级类	三级类
陆地自然资源系列	土地资源	耕地资源、草地资源、林地资源、荒地资源
	水资源	地表水资源、地下水资源、冰雪资源
	矿产资源	金属矿资源、非金属矿资源、能源资源
	生物资源	植物资源、动物资源、微生物资源
	气候资源	光能资源、热能资源、水分资源、风力资源、空气资源
海洋自然资源系列	海洋生物资源	海洋植物资源、海洋动物资源、海洋浮游生物资源
	海水资源	海盐资源、海水化学资源、水资源
	海洋气候资源	
	海洋矿产资源	深海海底矿产资源、滨海砂矿资源、海洋能资源
	海底资源	
太空(宇宙)自然资源系列	轨道资源	
	太空空间资源	微重力、真空资源
	太空矿产	

　　以管理实践为基础的资源分类法：依据自然资源部门管理职责分类。按照资源管理实际需要和部门职责分工，依据法律法规，土地、矿产、水、森林、草原、海域、海岛、野生动植物、气候、空域、自然保护区、风景名胜区等各类资源归属相应部门管理。以上自然资源类别的管理机构包括自然资源部、国家林业和草原局、农业农村部、国家能源局、水利部、生态环境部、中国民用航空局。大多数管理部门牵头编制了所管理资源门类的分类标准，对本门类自然资源做了多级划分，如《土地利用现状分类》《固体矿产资源储量分类》《海洋及相关产业分类》《林业资源分类与代码森林类型》等。各部门依据相应的法律法规实施管理。土地方面的法律有《土地管理法》《农村土地承包法》；矿产资源方面的法律主要是《矿产资源法》；海洋方面的法律包括《海域使用管理法》《海岛保护法》；其他各门类资源的法律有《水法》《森林法》《草原法》《野生动物保护法》《气象法》《航空法》《野生植物保护条例》《无线电管理条例》《自然保护区条例》《风景名胜区条例》等。

　　(三)国际组织的自然资源分类

　　1. 联合国粮农组织(FAO)。联合国粮农组织将自然资源划分为土地资源、森林资源、水资源、牧地饲料资源、野生动物资源、鱼类资源及种质遗传资源等。联合国粮农组织对自然资源逐级分类并形成体系，如农业自然资源划分为气候资源、水资源、土壤资源、生物资源与遗传资源等;水资源划分为地表水资源、地下水资源和天然降水资源;生物资源则包括动物资源、植物资源、昆虫资源、微生物资源等,其中还做3次一级的划分,例如植物资源划分为油料植物资源、纤维植物资源、淀粉植物资源、饲用植物资源、香料植物资源、药用植物资源、染料植物资源、能源植物资源等。

2. 联合国经济及社会理事会(ECOSOC)。联合国经济及社会理事会设有能源和自然资源促进发展委员会,其下按资源类型设置能源问题分组和水资源分组,分别负责能源、土地和水资源相关议题审核协调。联合国经济及社会理事会对可耗竭性资源设置了分类框架,2009年修订完成《联合国化石能源与矿产资源分类框架(2009)》,框架分为三个轴,一轴为经济、法律、环境、社会可行性等非科学技术因素之外的问题;二轴表示项目的基本状况和开发技术的可行性程度;三轴代表对目标矿产地的地质认知程度。

本书根据自然属性和自我再生性质,将自然资源分为土地资源、水资源、气候资源、生物资源、海洋资源、矿产资源。矿产资源是不可再生资源,其他自然资源属于可再生资源。不可再生和可再生是相对性的,如果对可再生资源进行不合理地开发利用,可再生资源会转化为不可再生资源,并且这个转化过程往往是不可逆的。

第二节　对自然资源的认知进程

人类认知自然是一个循序渐进的过程。在人类历史进程的各个阶段,人类对自然资源的认识和利用程度不同,影响社会发展的主要资源也不同。

一、采集经济和狩猎经济阶段

在采集经济和狩猎经济阶段,人类对自然界的认识并不全面,人类无法认识到自身在自然界所处的位置,无法认识到生命与非生命的区别。此阶段,人类容易把高山、大河、太阳、海洋等这些无生命的事物看成是有生命的事物,看成是有思想意识的事物,人类会产生崇敬大自然的想法。人类社会的拜物教就是在那个阶段产生的。这个阶段人类的生活主要依靠动植物资源和水资源。考古发现原始部落几乎都在河边台地,这与当时的狩猎和捕捞、采摘经济相适应,并且形成世界古文明发源地。

专栏 1-3　四大文明古国的发源地

　　世界古文明发源地有什么共同特征？这些地区为什么能够成为古代文明的发源地？发源地的共同特征：在中低纬度暖温带和亚热带相对湿润的地区，尤其是河流冲积平原和三角洲地区。成为古文明发源地的原因：平坦的地形，温暖湿润的气候，丰沛的水源，肥沃的土壤，孕育了发达的农业，形成了大规模的城市，这是农业社会时期生产力发展的重要条件。

黄河母亲雕像

　　黄河母亲雕像是表现中华民族母亲河——黄河的石质雕塑艺术品，位于兰州市黄河南岸的滨河路中段、小西湖公园北侧，长 6m，宽 2.2m，高 2.6m，总重 40 余 t。作品由"母亲"和"婴儿"组成构图，分别象征了黄河母亲和华夏子孙。作品在全国首届城市雕塑方案评比中获优秀奖。"黄河母亲"现已经成为兰州市的标志性雕塑，也代表着兰州形象。作者何鄂为甘肃著名雕塑家。

二、农业社会阶段

　　农业社会强调资源的农耕性。农业社会包括原始社会、奴隶社会和封建社会这三个阶段，农业社会具有漫长的发展时期。在农业社会人们的生存和发展主要靠"天"吃饭。"天有不测风云"，人类的生产和生活会受到自然灾害的严重影响。人们对于"天"即大自然的认识能力比较低下，对很多自然现象无法理解，于是人们便以超自然力量来解释大自然的神秘，产生了图腾崇拜、祭祀、游历、归隐等思想和行为。随着生产力的发展，人类对大自然的认识也逐渐提高，在欣赏自然景观美学价值的同时，也逐渐赋予了大自然更多的文化内涵。动植物资源、土地资源、气候资源、水资源是农业社会的主要自然资源。

三、工业社会阶段

"煤是工业的粮食，石油是工业的血液"说明矿产资源对工业社会非常重要。自然资源的储存状况决定了工业发展的基础。原料、燃料、水资源等是工业发展必不可少的条件，也深刻影响着工业的布局。自然资源的分布和储量大小，使工业分布呈现不平衡性。自然资源的富集程度决定了工业的类型和规模，如我国山西煤炭资源丰富，是我国重要的大型能源基地。自然资源的开发程度和利用效率决定了工业潜力和前景。如果自然资源的利用效率低，不仅会加剧资源的枯竭速度，而且会造成严重的生态环境问题，当地的工业发展前景就变得暗淡。因此资源兴起的城市，大多会面临工业转型和产业升级等问题。动植物资源、土地资源、气候资源、水资源、矿产资源是工业社会的主要自然资源。

专栏 1-4　资源型城市发展转型：阜新市

有"煤电之城"美称的辽宁省阜新市，昔日因煤而立市，因煤而兴，也曾因煤而辉煌。阜新曾是新中国最早建立的煤电生产基地之一。"一五"时期，国家 156 个重点项目中就有 4 个能源项目安排在阜新。从新中国成立到 2000 年底，阜新共为国家发电 1500 亿 kWh，累计生产原煤 5.3 亿 t。

阜新因煤资源枯竭陷入重重困境。阜新如何转型？阜新如何复兴？

早在 20 世纪 80 年代中期，阜新市领导已经认识到资源枯竭问题的严峻性，并开始筹划阜新的经济转型，着手经济结构的调整。如投资 3 亿元的化工城，但由于建设周期长，产品销路不佳，投产之时就成了倒闭之日。为此，阜新领导清醒地认识到，必须立足本地资源和优势，创出一条具有中国特色、符合阜新特点的转型之路。

阜新开始把转型的方向瞄准现代农业。阜新现有的工业规模远不能解决因资源枯竭而带来的就业、保障等一系列社会问题。而重点发展现代农业则有其独到的优势,因为阜新农民人均耕地6亩,居辽宁省之首,百里矿区有大量适宜农业生产的废弃地。据有关部门监测,这里的气候、土壤、光照均适合发展绿色农业,潜力很大。

经过反复论证和艰难的抉择,阜新市决定退出第二产业,进军现代农业、设施农业,做强第一、三产业,既解决矿区下岗职工再就业问题,又实现阜新资源枯竭后的经济转型。

阜新创造了进军现代农业的三种模式:一是村里出资包建棚舍,由下岗职工租赁;二是由民营大户出资,为下岗职工提供就业岗位;三是由下岗职工自己出资,自建自营。

资料来源:沈镭.我国资源型城市转型的理论与案例研究[D].北京:中国科学院,2005.

扩展知识点:资源型城市是随着能源、矿产、森林、水电、旅游等自然资源的开发利用而兴起,并且因采掘这些资源形成的相关产业在地区社会经济中占有主导地位的城市。资源枯竭型城市是指城市发展所依托的主体资源开发进入后期、晚期或末期阶段,其累计采出储量已达到可采储量的70%以上的城市。

第三节　自然资源利用与人类生活

自然资源是人类赖以生存的条件和经济发展的物质基础。长期以来,良好的自然资源禀赋被认为是经济发展的重要促进因素。然而在许多资源丰裕的国家和地区,却出现了经济增长缓慢甚至停滞的局面,这一现象被称为"资源诅咒"。

一、自然资源与国家兴衰

四大文明古国,无一不是依水而生。曾经的楼兰古国也是大自然的幸运儿,其在茫茫大漠中占据了一片水源充沛的宝地,为其繁华提供了最初的甘露。楼兰消亡有战争说、瘟疫说、河流迁移说、生物入侵说、生态恶化说……无论什么"说",都与自然资源的改变有或多或少的关系。可以说是因为人类违背自然规律导致水土流失、风沙侵袭、河流改道、气候反常、瘟疫流行、水分减少等,直至楼兰人无法生活。

专栏 1-5　楚汉战争的粮草保障

刘邦被封为汉王,辖有巴、蜀、汉中。汉中富庶,但地方狭小,资源有限。而巴、蜀之地,幅员辽阔,数十倍于汉中之地,资源丰富。《史记·货殖列传》记载:"巴蜀亦沃野,地饶卮、姜、丹沙、石、铜、铁、竹、木之器。"《汉书·地理志》也说:"巴、蜀、广汉本南夷,秦并以为郡,土地肥美,有江水沃野,山林竹木蔬食果实之饶。"

巴蜀富饶和重要,又与汉中连成一体,因此刘邦得王汉中,不是一件坏事,所以萧何力劝刘邦接受汉王的封号。从那时起,萧何胸中已有了开发巴蜀的成算。就当时整体经济而言,巴蜀路远艰险,虽然有秦国上百年的开发,仍然落后于汉中地区。萧何留守汉中,高瞻远瞩地大力开发巴蜀。当刘邦"还定三秦"后,萧何继续留在汉中"留守巴蜀,镇抚谕告,使给军食"。

巴蜀的粮食从汉中运至关中,解决了军队的需求,完成了"还定三秦"的战略转移,使刘邦在关中站稳脚跟,为兴汉灭楚打下了坚实的基础。

《史记·高祖本纪》载:"高祖曰:'镇国家,抚百姓,给馈饷,不绝粮道,吾不如萧何'。"

这是刘邦对萧何在楚汉战争中所做贡献的总体评价。

资料来源:萧何到底有何功劳? 能让刘邦把他比喻成猎人,而诸将是驱驰猎狗[EB/OL].(2021-02-19)[2023-07-16]. https://baijiahao.baidu.com/s? id=1692091292564170844&wfr=spider&for=pc.

二、自然资源与区域发展

自然资源禀赋与经济发展的关系是现代经济学的一个重要的研究领域。诸多学者的研究都证明,在一个国家的经济发展中,自然资源是不可或缺的要素之一。从财富增长的角度看,丰裕的自然资源是一个国家或地区的福祉,是地区财富增长的基础,可以为经济发展提供资源保证。

自然资源禀赋通常会和劳动力、物质资本、人力资本、制度创新、技术进步等被共同考虑为经济增长的驱动因素。不同的学者研究的目的不同,侧重点不尽相同。其中,重农学派对自然资源禀赋的作用最为看重,对自然资源禀赋与经济增长的正相关关系论述最为详尽。在古典经济学的研究中,威廉·配第

(William Petty)认为创造财富的基本要素为劳动和土地,其中土地即为自然资源禀赋的代名词;重农学派的弗朗斯瓦·魁奈(Francois Quesnay)同样认为,原始财富的真正源泉来自土地产出的产品。伴随社会的发展,经济增长中自然资源的基础性地位并没有发生改变,只是自然资源对经济增长而言重要性在不断发生变化。

在现实中,自然资源丰裕对一个国家或地区经济发展产生显著正向效应的例子也不胜枚举。经济发展阶段不同,经济重心也会不同。在各个时期,可以说经济重心都是围绕自然资源在发生改变,例如在农业社会,经济重心落在肥沃的土地上;在工业社会,经济重心追逐矿产资源;到了后工业社会,经济的着眼点放在了良好的生态环境。可以说,经济重心的迁移始终是追随着它所关心和依赖的自然资源。

专栏 1-6　不同环境的区域治理逻辑

仔细看一下中国历史的话,会发现一个很有意思的事情,那就是,中原王朝从未能够稳定、可持续地同时统治长城南北,能够做到这一点的都是征服中原王朝的北方草原民族,汉人政权只能统治长城以南。这是个需要获得解释的历史事实。

由此需要向前再追问一句,历史上人们是如何定义汉人的? 实际上,一般情况下对汉人的定义并不是基于血统,因为从血统上根本说不清楚,历次的民族大迁徙,导致中原人都或多或少会有北方外族的混血,更何况楚、越等在西周的时候还被视作蛮夷之人,进入帝国时代之后就被视作汉人的一部分,血统上更是无法追溯。所以,所谓的汉人是用文化来定义的,具体来说就是儒家文化。

文化只有转化为一个社会群体的日常伦理实践时,我们才会称这个社会为某文化的社会。值得注意的是,儒家文化转化成日常伦理实践时,其所依凭的载体与基督教、伊斯兰教等一神教有重大区别。对于一神教来说,其载体是个体心灵的皈依。但是儒教要转化成日常伦理实践的话,其载体是一种表达着特定伦理意涵的人际关系结构。"三从四德""三纲五常"等,都无法脱离一种人际关系结构而展开。这种人际关系结构还要求父子、夫妻、兄弟等人伦关系在物理意义上比较稳定,倘若彼此经常不知对方所在,则其伦理也无从展开,这就要求人们过定居生活。而在古代,定居就必须要农耕,此时一个硬性的自然约束条件就浮现出来了,即只有年降水量不少于 400mm,才有可能依靠农耕来生活。

　　400mm 等降水量线,其地理分布与我国的长城大致重合。越过长城以北若还想活得下去,必须游牧化,否则是死路一条。一旦游牧化,就意味着必须得放弃中原式的人际关系结构、家庭结构等,也就是无法再按照儒家的方式来生活了。从文化上来看,这就不是汉人了。这是为什么纯正的中原王朝的统治从来没有稳定可持续地越过长城的原因。它也许有能力派兵远赴漠北驱逐游牧者,但要说统治漠北,则必须驻军;而所驻之军的后勤补给,无法从中原持续获得,只能就地取材,也就是只能游牧获得,但一旦游牧起来,也就不再是汉人军队了。所以即便中原王朝强大时能够扫荡漠北,但事毕仍必须撤军南返,于是只不过是替草原上的其他游牧者扫清崛起的障碍而已。

　　因此,长城南北两边的统治逻辑、治理逻辑、财政结构、军事结构在古代全都是不一样的。长城以南的中原王朝,是靠庞大的官僚体系完成治理的;君主在这里主要起到的是象征正当性的作用,君主的能力在这里是第二位的,第一位的是君主继承的稳定性。王国维曾说:"所谓立子以贵不以长,立嫡以长不以贤者,乃传子法之精髓……盖天下之大利,莫如定;其大害,莫如争。任天者定,任人者争;定之以天,争乃不生。""嫡长子"是天然的、无法引起任何争议的身份。

　　帝国的官僚体系之运转,依靠庞大的中央财政,而中央财政依靠税收。这里就又浮现出一个前提,即税收的成本不能大于税收的收益。这只有在定居地区才能做到。草原上无法建立起类似中原的中央财政,其只能通过熟人关系来完成治理,由官僚来执行。

　　资料来源:施展.大宋的幽云十六州[OE/OL].读书杂志,(2017-03-06)[2023-02-08]. https://mp. weixin. qq. com/s/J9aD91IlQkQBkod-8uZnFg.

三、自然资源与社会分化

　　古代战争是为了控制土地,而一旦太多的土地集中在少数人手中,社会就分裂成贵族和平民。到了现代,机器和工厂的重要性超过土地,政治斗争转为争夺这些重要生产资料的控制权。

专栏 1-7　朱元璋为什么造反？

　　这一年他(朱元璋)算是十七岁,他是元天历元年(公元 1328 年)九月十八日未时生的,属龙,扣准了还不满十六足岁。父亲是老实本分人,辛苦了一辈子,头发胡子全白了,搬了一辈子家,从泗州盱眙县迁到灵璧县,又迁到虹县,到五十岁时又迁到钟离东乡,住了十年,活不下去,再迁到西乡,四年前才搬到这孤庄村来。十个田主大户竟有十个是黑心的,说尽好话算是佃了几亩地,天不亮就起床,天黑了还在地里做活,出气力、流汗水,忙碌一年到头,算算收成,十成里竟有六成孝顺了田主。左施肥、右戽水,把田地服侍得肥了些,正好多收一点时,田主立刻就加租,划算一下,还是佃户吃亏。划不来,只好搬家另觅大户;忍下去吧,两三年后还是得被撵走。因之,虽然拖儿带女,在一个地方竟住不满十年,而且,老是替新大户开荒地,服侍熟了,就得走路。卖力气,受欺侮一生,到头来还养不活自己。

　　资料来源:吴晗.朱元璋传[M].长沙:湖南人民出版社,2018.

　　正因为自然资源所有权的设置会有社会分化的风险,在学术界一直存在农村土地公有与私有的争论。当前中国土地制度是全世界较先进的土地制度,因为这个土地制度消灭了附着在土地私有制基础上的土地剥削阶级和土地食利阶层,可以真正做到"地尽其利,地利共享",是中国特色社会主义建设的最为重要的制度基础,是中国崛起的"制度红利",也正是改革开放 40 年来中国可以获得持续经济增长、创造世界经济奇迹的一个重要原因。所以,当前中国的土地制度改革不是要推倒重来,而只是要进一步完善。

第四节　自然资源利用的环境问题与治理

　　生态经济是指在生态系统承载能力范围之内,以绿色生产方式和消费方式为路径,以经济可持续性、生态可持续性以及社会可持续性相统一为原则,实现社会经济高质量发展的一种经济形态。可以将中国生态经济研究 40 年的发展历程划分为四个阶段:生态平衡理论阶段(1981—1983 年)、生态经济协调理论阶段(1984—1991 年)、可持续发展理论阶段(1992—2000 年)以及绿色发展理论阶段(2001 年至今)。

以生态平衡为核心的理论研究阶段最突出的特征,就是生态经济研究以生态环境预警为基础,明确了在经济发展中"不能做什么",否则就会破坏生态平衡。

以生态经济协调发展为核心的理论研究阶段在"必须以生态经济协调发展指导中国的经济建设"这一原则方面达成了一致,这一阶段关注的是中国经济建设中"应该做什么",生态经济研究的主题与主线就是生态经济协调发展。

在以生态环境与社会经济可持续发展为核心的理论研究阶段,随着中国生态经济实践领域的不断拓展、实践内容的不断丰富,生态经济协调发展理论研究也逐步在深度与广度上有所拓展,并逐渐渗入到可持续发展领域,进而形成了可持续发展经济理论。这是这一阶段的显著特点。相比于生态经济协调发展理论,可持续发展理论对生态经济规律的研究更加深入,推动了中国生态经济研究的理论体系的丰富和完善,实现了"应该做什么"向"应该如何做"的转变,为指导生态经济实践提供了更有力的理论支撑。

在以绿色发展为核心的理论研究阶段,2003 年,科学发展观的提出,标志着中国共产党重大战略思想的一次升华。党的十八大报告提出,大力推进生态文明建设。党的十八届五中全会提出的新发展理念,开启了绿色发展的新时代,这是中国共产党重大战略思想的又一次升华。新发展理念全面系统地回答了发展的目的、动力、方式、路径等一系列理论层面和实践领域的问题,成为中国社会经济发展的根本遵循。党的十九大报告指出,"建设生态文明是中华民族永续发展的千年大计。必须树立和践行绿水青山就是金山银山的理念,坚持节约资源和保护环境的基本国策,像对待生命一样对待生态环境,统筹山水林田湖草系统治理""要建设的现代化是人与自然和谐共生的现代化"。这些顶层设计为中国生态文明建设和绿色发展指明了方向、路径、目标。这一阶段,将"应该如何做"提升到"应该如何高质量做"。

人们对可持续发展理论的内涵认知,经过了从生存到发展,再从发展到可持续发展的漫长过程。可持续发展被视作一个自然—社会—经济复杂系统中的行为矢量,该矢量将导致国家或地区的发展朝向日趋合理、更为和谐的方向进化。可持续发展特别强调"整体的""内生的"和"综合的"内涵认知。可持续发展理论的"外部响应",是处理好"人与自然"之间的关系,这是可持续能力的"硬支撑";可持续发展战略的"内部响应",是处理好"人与人"之间的关系,这是可持续能力的"软支撑"。只有"当人类向自然的索取能够被人类向自然的回馈相平衡",只有"当人类对于当代的努力能够同对后代的贡献相平衡",只有"当人类在为本区域发展思考的同时能够考虑到其他区域乃至全球利益时",可持续发展的实现才具备了坚实的基础。可持续发展揭示了"发展、协调、持续"的系统本质;可持续发展反映了"动力、质量、公平"的有机统一；可持续发展创建了"和谐、稳定、安全"的人文环境；可持续发展体现了"速度、数量、质量"的绿色运行。可持续发展思想的生成，正是以上述发展概念的拓广和丰富为基础的。

参考文献

[1] 蔡运龙.人口、资源与环境[M].北京：人民教育出版社，2011.

[2] 邓锋.自然资源分类及经济特征研究[D].北京：中国地质大学，2019.

[3] [美]Daniel D. Chiras，John P. Reganold 著.自然资源保护与生活[M].黄永梅，段雷等译.北京：电子工业出版社，2016.

[4] 赫拉利.今日简史：人类命运大议题[M].林俊宏译.北京：中信出版社，2018.

[5] 贺雪峰.什么说中国土地制度是全世界最先进的——答黄小虎先生[J].湖南科技大学学报（社会学版），2018，21(3)：120-128.

[6] 胡兆量.自然资源结构与经济重心的地域迁移[J].自然资源学报，1987，2(3)：205-212.

[7] 牛文元.可持续发展理论的内涵认知——纪念联合国里约环发大会 20 周年[J].中国人口·资源与环境，2012，22(5)：9-14.

[8] 魏后凯.新中国农业农村发展研究 70 年[M].北京：中国社会科学出版社，2019.

[9] 习近平.决胜全面建成小康社会 夺取新时代中国特色社会主义伟大胜利——在中国共产党第十九次全国代表大会上的报告[M].北京：人民出版社，2017.

[10] 于法稳.中国生态经济研究：历史脉络、理论梳理及未来展望[J].生态经济，2021，37(8)：13-20，27.

[11] 郑昭佩.自然资源学基础[M].青岛：中国海洋大学出版社，2013.

第二章　土地资源与人类生活

第一节　土地资源概论

一、土地资源的概念

（一）土地

土地是指地球表面一定范围内，气候、地貌、岩石、土壤、植被、水文等自然要素与人类劳动形成的立体自然经济综合体。对土地的任何利用活动，都受土地生态系统构成要素的制约，并对土地的演变产生影响。土地具有以下特征：(1)空间范围。土地是有空间范围的，它包括水平范围和垂直范围。水平范围是指地球的陆地部分，以海岸线为界。垂直范围的上界到对流层顶部。对流层在赤道地区 16～18km，两极地区 7～9km，平均 10～12km。下界到风化壳和地下水的底部，或者人类目前直接探测到的地下深度12262m。(2)时间留下的痕迹。自然因素和人类活动作用于土地，它们的痕迹会保留在土地当中，随时间而变化，故土地是历史的自然体。(3)由多种因素组成，如气候、土壤、水文、地形、地质、生物、人类活动等，故是一个综合体。这些因素分为自然因素和经济因素。经济因素强调人类活动的结果，是劳动的物化，具有价值。是否包括社会因素，存有争议。毕宝德先生认为，土地不包括社会特征；但作为资源，应该包括社会因素，如地籍、人口数量、宗教、社会文化，这些都包括在土地当中。

专栏 2-1　黄土高原上的"棉粮川"

陕西关中及晋南、豫西等地的黄河及其支流(泾、渭、汾、洛)两岸阶地上黄土母质发育的褐土，经过劳动人民的长期培育，已形成一层30～70cm 厚的熟土层，把原来古老的表土层埋藏在下面。两层过渡明显，像楼房一样。著名的"八百里秦川"中的头道塬和二道塬就是以熟土为主。熟土含有机质较多,较疏松,透水性好,保水能力强。熟土分布区盛产小麦、玉米、豆类、马铃薯、棉花等,是黄土高原上的"棉粮川"。

(二)土壤

土壤是指地球陆地上能够产生植物收获物的疏松的表层。它与土地的区别在于:(1)土壤处在风化壳的表层,厚度 1～2m,一般分为表土层(A 层)、以土层(B 层)和底土层(C 层)。(2)土壤是土地的一个组成要素。(3)土壤的本质是肥力,可生产庄稼。(4)土地是在土壤基础上发展起来的。土地资源利用的核心是保护农业土壤的肥力和生产力。

1877 年,土壤学家 B. B. 道库恰耶夫开启了系统的黑钙土调查,发现在土壤形成历史和成土母质等因素相似的情况下,土壤类型的更替和气候带的更替同时出现。也就是说,在一定的生物气候条件下,土壤类型随生物气候带呈现有规律的带状分布,这就是土壤的地带性分布规律。继而,他首次提出土壤是母质、气候、生物、地形和时间五大成土因素的产物,是有自己发生和发展规律的历史自然体。这些认识也成为土壤发生分类的主要依据。B. B. 道库恰耶夫的土壤发生分类,被认为是经典却有缺陷的划分方法。美国农业部组织以 G. Smith 为首的美国土壤学家在 1957 年提出了美国土壤系统分类方案(Soil Taxnomy,7th Approximation),并于 1975 年正式出版。该分类方案提出了诊断层和诊断特性的概念,并以定量指标为基础。

我国土壤系统的分类借鉴了诊断层和诊断特性以及定量依据的分类思想,但在诊断层和诊断特性建立、分类指标和标准上与美国土壤系统分类又有所不同。这主要是由于现代土壤学发源于温带和人为作用不大强烈的地区,而中国境内丰富而又复杂的生物气候条件世所罕见。中国既有大片的温带地区,又有成片的热带和亚热带地区;除了湿润区,还有干旱区;特有的三级阶梯地形格局上,还耸立着青藏高原这样的世界"第三极"。独特的自然地理环境,造就了我国独特的成土条件,因而任何一个国外土壤分类系统都无法完全适用于我国。

自 1984 年开始,中国科学院南京土壤研究所联合全国 34 个科研院所和高校,历时近 20 年,主持完成了《中国土壤系统分类》。自此,中国有了一套适合于我国国情的土壤定量分类系统,实现了从定性分类向定量分类的跨越,并得到了国际土壤学界的一致好评。

专栏 2-2　黑钙土是什么土?

黑钙土是什么,又有什么特别之处?

　　所谓黑钙土，从字面意思上看，是土体呈黑色（意味着有机质含量高）、具有钙积层（碳酸钙积累的土层，pH＞7.5）的一类土壤。黑钙土大多土体深厚，有机质含量高，具有理想的团粒结构，非常适合种植小麦、玉米、油菜、大豆等农作物，而且产量高，品质好。

　　例如，我国东北地区是全球四大黑土区之一，该区出产的大米、玉米等农作物享誉全国，其粮食产量和粮食调出量分别占全国总量的1/4和1/3。

　　按照中国土壤系统分类，典型黑钙土被命名为钙积干润均腐土，这个名称透露了什么信息呢？

　　首先，"钙积"就是钙积层的意思；其次，"干润"指一年中有90～180天时间土壤处于干燥状态，可以简单理解为干燥度在1～3之间（"干润"地区也就是半干旱、半湿润地区，例如东北的松嫩平原西部、西北的黄土高原）；最后，"均腐土"意味着从上到下腐殖质（有机质的主要成分）的含量都很高，而腐殖质含量高的土壤多是黑色的。相比于发生分类的名称，系统分类名称显然给出了更加定量化的信息。

（三）土地资源

资源是指生产资料与生活资料的来源。土地资源是指在一定技术条件下和一定时间内可为人类利用的土地，是一种重要的自然资源，即指目前或可预见到的将来，可供人类利用的那一部分土地。它是地球表层的陆地、内陆水域或海涂的总称。它是以地质、地貌、气候、水文、土壤、生物等各种自然因素为基础，包括人类活动等因素的作用所形成的自然经济综合体。

我国以"十分珍惜、合理利用土地和切实保护耕地"作为基本国策。

二、土地资源的分类

土地资源类型多样，既可以按照自然特征分类又可以按照与人的关系和人类的作用分类。根据多数学者的分类方法，可以将土地资源分为如下几类。

（一）按地形地貌的分类

山地、丘陵、盆地、平原、漫岗等。

（二）按经济用途分类

耕地、园地、林地、牧草地、城镇村及工矿用地、交通用地、水域、未利用土地等八大类。

（三）按生态系统类型

沙漠、戈壁、冰川、永冻土地、热带雨林、湿地等。

（四）按土地用途分类

我国土地实行土地用途管制制度。国家编制土地利用总体规划，规定土地用途，将土地分为农用地、建设用地和未利用地，严格限制将农用地转为建设用地，控制建设用地总量，对耕地实行特殊保护。农用地是指直接用于农业生产的土地，包括耕地、林地、草地、农田水利用地、养殖水面等；建设用地是指建造建筑物、构筑物的土地，包括城乡住宅和公共设施用地、工矿用地、交通水利设施用地、旅游用地、军事设施用地等；未利用地是指农用地和建设用地以外的土地。

土地利用（土地使用）是指人类通过一定的活动，利用土地的属性来满足自己需要的过程。按国家标准《土地利用现状分类》（GB/T 21010—2017），土地利用现状分类采用一级、二级两个层次的分类体系，共分 12 个一级类、73 个二级类。12 个一级类分别指耕地、园地、林地、草地、商服用地、工矿仓储用地、住宅用地、公共管理与公共服务用地、特殊用地、交通运输用地、水域及水利设施用地、其他用地。

《土地利用现状分类》（GB/T 21010—2017）的土地利用现状分类与《中华人民共和国土地管理法》中的"三大类"的对照见表 2-1。

表 2-1　土地利用现状分类

三大类	土地利用现状分类	
	类型编码	类型名称
农用地	0101	水田
	0102	水浇地
	0103	旱地
	0201	果园
	0202	茶园
	0203	橡胶园
	0204	其他园地
	0301	乔木林地
	0302	竹林地
	0303	红树林地
	0304	森林沼泽
	0305	灌木沼泽
	0306	灌丛沼泽
	0307	其他林地
	0401	天然牧草地

续表

三大类	土地利用现状分类	
	类型编码	类型名称
农用地	0402	沼泽草地
	0403	人工牧草地
	1006	农村道路
	1103	水库水面
	1104	坑塘水面
	1107	沟渠
	1202	设施农用地
	1203	田坎
建设用地	05H1	商业服务业设施用地
	0508	物流仓储用地
	0601	工业用地
	0602	采矿用地
	0603	盐田
	0701	城镇住宅用地
	0702	农村宅基地
	08H1	机关团体新闻出版用地
	08H2	科教文卫用地
	0809	公用设施用地
	0810	公园与绿地
	09	特殊用地
	1001	铁路用地
	1002	轨道交通用地
	1003	公路用地
	1004	城镇村道路用地
	1005	交通服务场站用地
	1007	机场用地
	1008	港口码头用地
	1009	管道运输用地
	1109	水工建筑用地
	1201	空闲地

三大类	土地利用现状分类	
	类型编码	类型名称
不利用地	0404	其他草地
	1101	河流水面
	1102	湖泊水面
	1105	沿海滩涂
	1106	内陆滩涂
	1108	沼泽地
	1110	冰川及永久积雪
	1204	盐碱地
	1205	沙地
	1206	裸土地
	1207	裸岩石砾地

资料来源:中华人民共和国国家标准《土地利用现状分类》(GB/T 21010—2017)。

三、土地资源的特征

土地资源的特性是指作为人类基本生产资料和生活资料的土地所固有的、区别于其他生产资料和生活资料的特殊属性。一般认为,土地资源有两种属性,即自然属性和经济属性,这是由土地资源的两重性决定的。土地既是特殊的生产资料,又是构成土地关系的客体。土地资源的自然特性是土地资源的自然属性的反映,是土地资源本身所固有的,与人类利用土地资源并没有必然联系。土地资源的经济特性则是在人类利用土地过程中所产生的,在人类诞生以前,未对土地资源进行利用时,土地资源并无经济特性。因此,土地资源具有显著区别于其他资源的特性。

(一)自然属性

1. 资源有限。土地是自然历史过程的产物,而不是像其他生产资源那样单纯是人类劳动的产物,可以创造从而数量不断增加。地球形成之日起,土地面积就基本固定了,因此它是一种有限资源。但它也不是具有纯粹自然性,人们可以通过生产活动改良土地,促进土地质量的转变,改变地形地貌,如变沙漠为绿洲,变高山为平地等,也可以围海围湖造田,还有填海造陆等。但这些只是改变了土地的类型和特征,并未改变土地的总量。因此,土地资源的总量是有限的,各类土地资源数量也是相对稳定的。

2. 位置固定。土地由物质构成,在现实中,它十分具体,可以观测到,不管是什么类型的土地资源,其地理位置是固定不变的。但是一般来讲,它不像物品一样具有可移动性,我们不能像搬动各种物品那样把土地从一地运往另一地。而最为重要的是不能移动的土地和特定的社会经济条件结合在一起,从而使土地利用具有明显的地域差异性。与位置固定相联系的是土地自然条件的地带性规律,如气候条件、温度条件、水文条件都是与此相关,所以土地的利用要因地制宜,宜农则农,宜牧则牧,宜林则林,合理布局。

3. 不可替代性。土地无论是作为环境条件还是作为生产资料都不能用任何其他东西来代替,人类为了解决粮食问题开发了许多工厂化的作物生产线,这只是采用人工技术的方式提高了土地的部分功能,使土地得以集约化,而不是从根本上代替土地。

(二)社会属性

1. 土地经济供给的稀缺性。稀缺性是一个经济学上的概念,在这里是指土地所提供的可供使用的资源是有限的,不是取之不尽,用之不竭的。然而土地资源的稀缺性既是相对的,又是绝对的。因为,一方面相对人类需求土地资源的欲望来说,资源是稀缺的;另一方面,无论何时何地人类总是绝对地面临着资源稀缺的问题。这种稀缺不仅表现为不同用途的土地资源数量的稀缺,而且也表现为不同地区土地资源的相对稀缺。土地资源在总体上属再生性资源,本质上是土地资源的供给与需求之间,以及产出与消费之间的匹配和谐问题,从而表现为相对稀缺性。

2. 土地用途的多样性。土地具有多种用途,既可作工业用地,又可作居住用地、商业用地等。由于这一特性,对一块土地的利用,常常同时产生两个以上用途的竞争,并可以从一种用途转换到另一种用途。这种竞争能使土地达到最佳用途和获取最大经济效益,并使地价达到最高。

3. 土地增值性。一般商品随着时间的推移总是不断地折旧直至报废,而土地这个特殊商品则不然,它一旦转化为资本就会出现增值。土地资源转化为土地资本的标志:一是地租,二是利润。因为,地租和利润是土地所有权和资本所有权在经济上的实现形式。地租体现了土地的租赁关系,表现为土地所有权的收益;利润体现了投资关系,表现为资本所有权的收益。在土地上追加投资的效益具有持续性,而且随着人口增加和社会经济的发展,对土地的投资具有显著的增值性。

4. 土地生产性。土地资源具有生产力,即可以生产出某种人类需要的植物产品和动物产品,这是土地资源的本质属性之一,也是区别于土壤资源的重要标志,因为后者的本质是具有肥力,而不是生产力。土地生产力按其性质可分为自然生产力和劳动生产力。前者是自然形成的,即土地具有生长植物的基本特性,是它原先就具备了的,而后者是施加人工影响而产生的。土地生产力的高低,即能生产什么,生产多少,或者说提供什么样的产品,提供多少,也主要取决于上述两方面的生产力。土地一旦失去生产力,也就不成其为资源了。

5. 土地报酬递减的可能性。尽管土地具有增值性的特点,但由于"土地报酬递减规律"的存在,在技术不变的条件下对土地的投入超过一定限度,就会产生报酬递减的后果。这就要求人们在利用土地增加投入时,必须寻找在一定技术、经济条件下投资的适合度,确定适当的投资结构,并不断改进技术,以便提高土地利用的经济效益,防止出现土地报酬递减的现象。此外,土地还具有重要的社会属性。人类在利用土地的过程中,总是要反映出一定的社会中人与人之间的某种生产关系,包括占有、使用、支配和收益的关系。土地的占有、使用关系在任何时候都是构成社会土地关系的基础,进而反映社会经济性质。土地的这种社会属性,即反映了进行土地分配和再分配的客观必然性,也是进行土地产权管理、调整土地关系的基本出发点。

6. 土地资源的可选择性。可选择性是指在土地资源的多种用途中,人类可以选择能使效益最大化的用途,以达到地尽其用。土地资源评价中的匹配,就是指土地利用方式与土地的多宜性相互选择的过程。一般来说,土地资源趋向于选择那些收益最高的用途。每当不同土地利用方式的有效需求发生变化,土地用途也随之转移。除非这种转移为制度所不容许,或者有相反的目标,或个人反应迟钝。城镇的出现是土地资源可选择性的生动例子,一些大城市的中心商业区,很久以前还曾是一片荒野。农业结构调整也是土地资源具有可选择性的典型例子,一些长期种植粮食作物的土地,可转而开垦成果园。土地资源的可选择性表明土地资源可优化配置。

四、土地资源的功能

根据《土地基本术语》(GB/T19231—2003)规定,土地功能是土地具有的满足人类生产、生活等方面需求的能力。土地具有以下功能。

(一)土地的承载功能

土地是负载万物的基础。土地由于其物理特性,能将万物,包括生物与非生物承载其上,成为它们的安身之所。动物、植物等生物,各种建筑物、构筑物、道路等非生物所以能存在于地球上,是因为土地有承载的功能。没有土地,万物自无容身之地,正如古人所说:"皮之不存,毛将焉附。"土地具有承载功能,因而成为人类进行一切生活和生产活动的场所和空间。如果没有土地,则世上万物将化为乌有。土地为人类提供了生存空间和活动场所,也是各项生产活动得以实施的基地。同时,它还是历史陈迹和文化遗产的保存场所,具有人文价值的特殊承载功能。

（二）土地的生育功能

土地具有滋生万物的生育能力，如土地中的各种养分、水分、空气、阳光及各种化学、物理力量，都是形成动植物及人类的繁育条件。没有绿色植物的转化，一切食物链无从谈起。许慎在《说文解字》中说："土，地之吐生物者也。"如果没有这种生育能力，地球也可能和太阳系的其他一些星球一样，一片死寂，满目苍凉了。"地者，万物之本原，诸生之根苑也。"在土地的一定深度和高度内，附着许多滋生万物的生产力，如土壤中所含有各种营养物质以及水分、空气，还可以接受太阳照射的光、热等，这些都是地球上一切生物生长、繁殖的基本条件。土地的养育功能充分体现于第一性（植物）和第二性（动物）的生产之中，为人类生存提供必需的农畜产品。

（三）土地系统的自组织功能

土地生态系统有着严密的结构和自组织能力，不仅可生长万物，还能对一切废物进行净化、扩散、过滤、降解，其中很多成分具有可更新能力，通过物质和能量循环，保持土地资源的可持续性。

（四）土地的储藏功能

土地蕴藏着丰富的金、银、铜、铁等矿产资源，石油、煤、水力、天然气等能源资源，沙、石、土等建材资源，人类可以视其为仓库。土地像人类的一座宝藏，里面贮存着极其丰富的物质，为人类从事生产、发展经济提供了必不可少的物质条件。

专栏 2-3   诗词中的土壤功能

从《中国诗词大会》第五季的热播，到抗疫物资上的"青山一道同云雨，明月何曾是两乡"，诗词在这段时间又让大家见识了它的魅力。其实诗词里面不光有飞花令的文采飞扬，战疫一线的大爱无疆，还可以关联九州土壤。那么当诗词遇上土壤，又会碰撞出怎样的火花？接下来带您走进"土壤诗词大会"。

一号选手是最负盛名的"锄禾日当午，汗滴禾下土"。这句诗体现的是土壤的生产功能。因为土壤的生产功能，人们才叫它"大地母亲"。松土是最为普遍的农事活动，先人很早就认识到耕作对去除杂草、土壤保墒的作用。

二号选手是一对组合，动物诗词代表"蚯蚓土中出，田乌随我飞"；植物诗词代表"落红不是无情物，化作春泥更护花"。这两句生动地说明了生物小循环过程：枯枝落叶经分解后可增加土壤营养。这些诗句体现了土壤的动植物栖息地功能及其在物质循环中的作用，对于保护和提高生物多样性，维系物质循环至关重要。

三号选手是"我家东冈旧乡土，谷有田场桑有圃"。描述了一种田园生活，土壤作为人类生活和居住的环境，有提供建筑、休闲娱乐场所、维护人类健康发展的这种人居环境功能。

四号选手是"折戟沉沙铁未销，自将磨洗认前朝"。铁戟正是因为深埋土中得到了土壤的保护，才可以抖落历史尘埃，向人们诉说前朝的金戈铁马。这体现了土壤的文化历史档案功能。

五号选手来自乾隆御笔，"泥澄铁镞丹砂染，此碗陶成色肖之"。这句带着帝王之气的诗词向大家形象描绘了用土壤烧制陶瓷的情景。土壤的原材料供给功能使陶瓷在土中提取，于火中升华，让大家看到精美的瓷器。

六号选手是"野鸟关关督驾犁，及时新雨土膏肥"。描述了雨后土壤的变化，说明土壤具有保水性。这体现了土壤作为自然界组成部分，与其他环境因素交互作用的调节功能。

土壤是十分重要的自然资源，与我们的生产生活息息相关。这六位选手只是浩如烟海的诗词中与土壤功能相关的代表，还有很多诗词也可以体现土壤功能，等着大家去发现！

资料来源：郝士横.诗词中的土壤功能［EB/OL］.土壤时空，（2020-02-29）［2023-03-30］. https://mp. weixin. qq. com/s/r3vxv63WHpFwn-nRiUVEww.

第二节　土地资源与日常生活

土地资源对于人类生活来说十分重要，它是人类赖以生存和发展的物质基础，是社会发展中一切生产所必需的物质条件，是社会生产的劳动资料，是农业生产的基本生产资料。它在人类整个社会发展中具有基础地位，主要体现在两个方面：一方面，土地是人类维持生存的基本物质基础。另一方面，土地是稀缺的，是一种难以替代的资源。然而土地资源在人类社会的发展过程中并不是一成不变的，对其认知和呈现的作用具有阶段性的差异。

一、土地资源与粮食安全

中国有 14 亿多人口,每天一张嘴,就要消耗 70 万 t 粮食、9.8 万 t 油、192 万 t 菜和 23 万 t 肉。悠悠万事,吃饭为大。粮食安全是"国之大者"。粮食安全是关系我国国民经济发展、社会稳定和国家自立的全局性重大战略问题。中国向来高度重视粮食安全。在人多地少水资源分布十分不均的现实国情下,国家不仅采取了常态化的支持和保护政策,更于 2015 年以《国家安全法》的形式将粮食安全提升至国家安全战略地位。作为国家安全观的重要组成,粮食安全观从来不是一个独立的概念,其形成与发展折射出时代的变迁演进,刻有世界政治格局变化的烙印。随着居民生活水平的提高,人们的膳食结构发生了根本性变化,有必要将植物性食物的粮食概念转换成包含植物性食物和动物性食物的新概念。"确保谷物基本自给、口粮绝对安全"的新粮食安全观被最终确立。

党的十八大以来,习近平总书记对粮食安全进行了系统阐述,并在 2018 年 9 月赴黑龙江省考察期间再次强调:"中国人要把饭碗端在自己手里,而且要装自己的粮食。"[①]党的二十大报告提出"全方位夯实粮食安全根基,牢牢守住十八亿亩耕地红线""确保粮食、能源资源、重要产业链供应链安全"[②]。这些重大论断启示我们,解决粮食安全问题要跳出粮食看粮食,必须以更高站位、更大视野去系统理解、破解粮食困局。从 2015 年中央农村工作会议首次提出"树立大农业、大食物观念"到 2022 年中央农村工作会议强调"树立大食物观",习近平总书记对"大食物观"的阐释不断丰富和发展。2023 年中央一号文件,"树立大食物观"首次被纳入"抓紧抓好粮食和重要农产品稳产保供"章节。

---

① 习近平.中国人要把饭碗端在自己手里 而且要装自己的粮食[EB/OL].(2018-09-26)[2024-01-26].共产党员网,https://www.12371.cn/2018/09/26/VIDE1537934582351115.shtml?t=636765673110657894.

② 岳文泽,侯丽."18 亿亩耕地红线"是怎么来的[N].学习时报,2022-6-13,第 7 版。耕地红线的来源:1999 年,《中华人民共和国土地管理法》提出严格执行土地利用总体规划和土地利用年度计划,并首次以立法形式确定了土地用途管制。2005 年以后,中央对耕地管控越收越紧。2005 年启动全国第三次土地利用总体规划修编时,采用的是第二次全国土地调查前的老数据,当时全国的耕地数据为 18.3 亿亩,这是后来划定 18 亿亩耕地红线的依据之一。2006 年,国家统计局与原农业部基于当时人口、粮食亩产与复种指数等综合因素,计算出若确保 2010 年和 2030 年我国粮食自给率稳定在 95% 以上,则至少需要 18 亿亩耕地。同年的"十一五"规划纲要明确 18 亿亩耕地红线,这也是耕地红线首次出现在官方文件中。此后,第十届全国人民代表大会第五次会议提出:在土地问题上,一定要守住全国耕地不少于 18 亿亩这条红线;《全国土地利用总体规划纲要(2006—2020 年)》规定,全国耕地保有量到 2010 年和 2020 年分别保持在 18.18 亿亩和 18.05 亿亩;2009 年,国土资源部又提出"保耕地红线"行动,即坚持实行最严格的耕地保护制度,坚持耕地保护的红线不能碰。自此,固守 18 亿亩耕地红线与保障粮食安全便牢牢地捆绑到了一起。

二、土地资源与住房保障

住宅用地包括农村宅基地和城镇住宅用地。

（一）宅基地

宅基地是指农村居民以其集体经济组织成员资格为前提,为了维持农户居住和农业生产,由集体经济组织无偿分配并长期使用,可用来建造农房以及晒坝、猪圈等附属生产生活设施的农村集体建设用地。宅基地具有农民的居住权利保障和财产权利实现两种主要功能。随着经济社会发展,宅基地的资产性功能增强。

围绕宅基地资产性功能的实现,全国有许多政策与实践。2016年,全国开始农村宅基地制度改革试点,2020年开展新一轮农村宅基地制度改革试点,针对试点工作,2023年中央一号文件提出要充分尊重农民意愿,处理好农民和土地的关系,以保障农民基本居住权为前提,以赋予农民更加充分的财产权益为方向。《中共中央国务院关于支持浙江高质量发展建设共同富裕示范区的意见》指出:拓宽城乡居民财产性收入渠道,探索通过土地、资本等要素使用权、收益权增加中低收入群体要素收入。宅基地使用权的抵押融资也是宅基地资产功能的实现形式之一,宅基地使用权的抵押融资功能是发展农村金融的关键。

专栏 2-4 《中华人民共和国土地管理法》(2019年修正版)

第六十二条规定:农村村民一户只能拥有一处宅基地,其宅基地的面积不得超过省、自治区、直辖市规定的标准。

人均土地少、不能保障一户拥有一处宅基地的地区,县级人民政府在充分尊重农村村民意愿的基础上,可以采取措施,按照省、自治区、直辖市规定的标准保障农村村民实现户有所居。

农村村民建住宅,应当符合乡(镇)土地利用总体规划、村庄规划,不得占用永久基本农田,并尽量使用原有的宅基地和村内空闲地。编制乡(镇)土地利用总体规划、村庄规划应当统筹并合理安排宅基地用地,改善农村村民居住环境和条件。

农村村民住宅用地,由乡(镇)人民政府审核批准;其中,涉及占用农用地的,依照本法第四十四条的规定办理审批手续。

农村村民出卖、出租、赠与住宅后,再申请宅基地的,不予批准。

国家允许进城落户的农村村民依法自愿有偿退出宅基地,鼓励农村集体经济组织及其成员盘活利用闲置宅基地和闲置住宅。

国务院农业农村主管部门负责全国农村宅基地改革和管理有关工作。

（二）城镇住宅用地

城镇住宅用地指城镇用于生活居住的各类房屋用地及其附属设施用地，不含配套的商业服务设施等用地。住房是民生之要、发展之需，2023年政府工作报告指出"加强住房保障体系建设，支持刚性和改善性住房需求，解决好新市民、青年人等住房问题"。保障性住房是政府为中低收入住房困难家庭提供的限定标准、限定价格或租金的住房，包括廉租房、经适房、公租房等。住房保障一直是党和政策关注的问题，住房保障首先要建设用地的保障。

相对于商品房，租赁住房的投资回报要低得多。在房地产高速增长时期，市场主体投资租赁住房的意愿不强。环顾世界各国，除政府直接为低收入者提供保障性住房外，租赁住房市场的发展也离不开政策扶持。近年来，自然资源部等多部门贯彻落实中央决策部署，探索出台一系列政策措施，调动和激发市场主体投资积极性，不断拓宽租赁住房及用地的供给渠道（见表2-2）。"十四五"期间，40个重点城市计划建设筹集保障性租赁住房650万套（间），可解决近2000万新市民、青年人的住房困难问题。租赁住房发展壮大，是各地在土地、住建、财政、金融、行政审批、公共服务和社保等领域全方位努力，持续推进租赁住房建设的结果。

表2-2 多渠道持续加大租赁住房用地供给力度

文件名	土地供应规定
国土资源部 住房城乡建设部《关于优化2015年住房及用地供应结构促进房地产市场平稳健康发展的通知》（国土资发〔2015〕37号）	市、县国土资源主管部门在编制2015年住房用地年度供应计划时，应按市场供求情况，合理确定商品住房用地供应规模，并对保障性安居工程和棚户区改造年度任务所需用地应保尽保
住房城乡建设部 国土资源部《关于加强近期住房及用地供应管理和调控有关工作的通知》（建房〔2017〕80号）	将新建租赁住房纳入住房发展规划，采用多种方式增加租赁住房用地有效供应。各地要落实好土地、财税、金融等支持政策，加快棚户区改造项目建设，加强配套设施建设和公共服务，确保完成2017年600万套棚户区改造任务
九部门联合印发《关于在人口净流入的大中城市加快发展住房租赁市场的通知》（建房〔2017〕153号）	鼓励各地通过新增用地建设租赁住房，在新建商品住房项目中配建租赁住房等方式，多渠道增加新建租赁住房供应，优先面向公租房保障对象和新市民供应

续表

文件名	土地供应规定
国土资源部　住房城乡建设部关于印发《利用集体建设用地建设租赁住房试点方案》的通知》 （国土资发〔2017〕100 号）	确定第一批在北京、上海、广州等 13 个城市开展利用集体建设用地建设租赁住房试点
《关于加快发展保障性租赁住房的意见》 （国办发〔2021〕22 号	1.保障性租赁住房由政府给予土地、财税、金融等政策支持 2.人口净流入的大城市和省级人民政府确定的城市，应按照职住平衡原则，提高住宅用地中保障性租赁住房用地供应比例，在编制年度住宅用地供应计划时，单列租赁住房用地计划、优先安排、应保尽保

从土地供应看，各地保障性租赁住房的来源除了在国有建设用地上新建外，还包括普通商品住房项目配建，利用集体经营性建设用地、企事业单位自有闲置土地、产业园区配套用地和存量闲置房屋建设，批准改建闲置和低效利用的非居住用房等。2021 年自然资源部要求大城市在年度住宅用地供应计划中单列租赁住房用地，占比一般不低于 10%。缺口大的城市进一步提高比例，实现应保尽保。总之，用地应保尽保，供给主体多元，保障渠道丰富多样且日渐规范。

第三节　土地资源面临的危机

土地是宝贵的自然资源，是人类赖以生存的空间，可满足人类生产、生活等方面的需求。一个国家利用土地资源的广度和深度，标志着这个国家生产力的规模和水平，反映人类文明发展的程度，然而，在人类文明不断推进的过程中，土地资源在不同国家遭到了不同程度的破坏。土地资源面临的危机主要体现在土地数量减少、利用方式粗放、土地质量下降、土地沙漠化和水土流失等方面。

一、土地供需矛盾尖锐，耕地面积不断减少

随着我国经济社会的发展和人口数量的不断增多，对土地资源的需求量也在不断上涨。我国的土地资源数量有限，地区对土地资源的开发利用缺乏合理规划，造成土地资源被浪费的现象十分严重。此外，我国的城市和农村都在大规模地填沟伐木和兴建住房，但因为初始规划不合理或者施工质量不过关等因素

的影响,一些建筑在投入使用后不久就被拆除,这些被拆除建筑所占用的土地一般都很难再进行农业种植,这在一定程度上加剧了土地资源的浪费。

耕地"非农化"显性表现为农用地及耕地总面积的减少。耕地面积由 2009 年的 20.31 亿亩降至 2017 年的 20.23 亿亩,最新国土"三调"数据调整后,2019 年全国耕地面积是 19.18 亿亩。耕地面积占比也有大幅下降,2009 年耕地面积占土地面积比重 19.62%,2019 年耕地面积占比则已降至 15.96%。其中,建设用地对耕地的占用是耕地发生"非农化"转变的最重要因素。在经济高速发展期建设用地需求扩张的背景下,由于缺乏严格且有效的耕地保护机制,地方政府存在征用土地并出让土地使用权、依赖土地财政获取资金和政绩的动机,推动了耕地"非农化"的进程。《中国城市建设统计年鉴》数据显示,2006—2020 年,随着经济发展和城市化程度加深,全国建设用地占用耕地面积在波动中上升,平均每年征用耕地面积 116.65 万亩。生态退耕、农业结构调整、建设占用是"十三五"期间耕地减少的主要原因。截至 2020 年,我国耕地后备资源总面积约 8000 万亩,其中集中连片的耕地后备资源仅 2800 多万亩,中低等耕地比例达 70%,有灌溉条件的耕地只占 51.5%,耕地数量质量现状与推进农业现代化的要求存在较大差距。

二、土地污染严重,耕地质量下降

土地污染的污染源主要来自工业、生活、农业和交通。在工业方面,特别是乡镇企业的"三废"排入河流、农田,工业废水、烟尘等引发的酸雨直接或间接地污染了大片土地。另外,城市生活污水和部分工业废水未经处理就直接排入河道或灌溉系统,在一些水源不足的地区甚至直接引用污水灌溉农田。另外,中国农业生产中塑料薄膜的用量大,而回收率低,也是导致土地污染、营养失衡、板结、盐碱化和酸化的原因之一。

而在农业方面,不合理使用化肥和农药,直接或间接地污染土地,进而也会影响农作物的产量和质量。1978 年以来,我国农业生产中的化肥施用量经过快速增量期,自 2007 年后常年维持在 5000 万 t 以上的较高水平。化肥的大量使用给耕地资源造成了酸化、板结、地力下降等问题,化肥使用效率降低,化肥投入产出率(粮食产量/化肥投入量)一度由 34.48% 降至 9.87%,后稳定在 10%～13%。根据农业农村部公开发布的《2019 年全国耕地质量等级情况公报》,耕地按质量等级由高到低依次划分为一至十等,全国耕地平均等级为 4.76 等,其中基础地力较高的一至三等优质耕地面积 6.32 亿亩,占耕地总面积的 31.24%;四至六等耕地面积 9.47 亿亩,占耕地总面积 46.81%;耕地基础地力相对较差、生产障碍因素突出的七至十等耕地占 21.95%。从分布区域看,一至五等较优质耕地均主要集中于东北区、长江中下游区、西南区和黄淮海区,其余华南区、内蒙古及长城沿线区、黄土高原区、甘新区及青藏区等大片国土区域均以中低等耕地为主,区域平均耕地等级不到五等。

三、土地资源浪费严重

滥用耕地及对土地缺乏严格管理,造成土地资源浪费严重,由于长期以来对土地缺乏宏观调控和计划管理,实施行为得不到有效约束,造成非农建设和农业内部结构调整过多占用耕地,是耕地面积急剧减少,尽管有了《土地管理法》,但由于有法不依和执法不力,致使滥用土地现象严重,部分基建项目用地不报请批准或先用后报,宽打宽用,少征多用,早征晚用,多征少用,甚至征而不用。

为及时掌握国家级开发区土地集约利用状况,促进提高节约集约用地水平,根据自然资源部有关工作安排,全国 31 个省(区、市)及新疆生产建设兵团完成了 2022 年度开发区土地集约利用监测统计工作。监测统计结果反映,国家级开发区土地集约利用总体状况持续向好,各项指标均较上年度有所提升,但也存在一些问题。一是部分开发区土地利用程度偏低。16 个国家级开发区土地开发率低于 60%,29 个土地供应率低于 60%,24 个土地建成率低于 60%;边境经济合作区土地开发率平均约为 80%,比全国平均水平低了近 10 个百分点。二是部分开发区土地利用强度有待提高。96 个国家级开发区的综合容积率低于 0.6,近 4 成边境经济合作区的综合容积率不到 0.6,近 6 成国家级开发区工业用地综合容积率不到 0.6。三是存量挖潜空间较大。579 个国家级开发区批而未供土地 1.57 万 hm^2,占规划建设用地面积的 3.11%;闲置土地 0.06 万 hm^2,占已供应国有建设用地的 0.14%,土地闲置率比上年度增加了 1 倍,西部地区增加了 3 倍。此外,部分开发区还存在实际管理范围规模过大问题,并且闲置土地(0.46 万 hm^2)和批而未供土地(11.07 万 hm^2)规模不小。

四、土地荒漠化和沙化

沙漠化是部分半湿润地区、半干旱、干旱地区由于环境脆弱和人类不合理经济活动相互作用而造成景观荒漠、土地资源丧失、地表呈现沙质、土地生产力下降的土地退化。土地沙化是荒漠化最重要的类型之一。土地沙漠化不仅对环境造成极大的破坏,严重威胁着人类的健康与生存,而且也制约着社会经济的可持续发展。

专栏 2-5　人类土地利用与土地生产力

人们通常用刀耕火种法垦荒,并且会在此后几年里收获颇丰。然而,刀耕火种式的农业通常会对自然环境造成意想不到的影响,因为人们很少采用预防措施以避免对环境造成破坏。人们沿着山坡开辟笔直的田垄,种植玉米和红薯,雨水很快就会冲刷掉肥沃的表层土,然后人们就会移到新的山坡上开荒垦种。19 世纪早期的一位官员严如熤(1759—1826)曾生动地描述过这一过程:

况乃山土薄,石骨本嶙峋。三年为沃壤,五载已地皮。雨旸偶失节,颗粒难预期。平川人饱食,山民伤阻饥。东邻绝朝糜,西家断暮炊。蕨根野蒿菜,青汁流泥匙。称贷向亲友,同病攒双眉。空腹不能耐,鬻卖及妻儿。回思岁方富,肥甘供朵颐。何知遗此悯,柴立骨难支。

由此,中国绝大部分最有价值的资源,即肥沃的土地,就这样悲剧性地永久流失了。

资料来源:[美]易劳逸.家族、土地与祖先:近世中国四百年社会经济的常与变[M].苑杰,译.重庆:重庆出版社,2019:39-40.

我国每 5 年组织开展一次全国荒漠化和沙化土地调查工作。2019 年,国家林草局组织开展第六次全国荒漠化和沙化调查工作。调查结果显示,截至 2019 年,全国荒漠化土地面积 257.37 万 km²,沙化土地面积 168.78 万 km²,与 2014 年相比分别净减少 37880km²、33352km²。与 2014 年相比,重度荒漠化土地减少 19297km²,极重度荒漠化土地减少 32587km²。

沙区生态状况呈"整体好转、改善加速"态势,荒漠生态系统呈"功能增强、稳中向好"态势。2019 年沙化土地平均植被盖度为 20.22%,较 2014 年上升 1.90 个百分点。植被盖度大于 40% 的沙化土地呈现明显增加的趋势,5 年间累计增加 791.45 万 hm²。八大沙漠、四大沙地土壤风蚀总体减弱。2019 年风蚀总量为 41.79 亿 t,比 2000 年减少 27.95 亿 t,减少 40%。

第四节　土地资源的可持续利用

土地资源可持续利用指在特定的时期和条件下,对土地资源合理利用组织,协调人地关系及人与资源和环境的关系,以期满足当代人与后代人生存发展的需要。土地资源可持续利用实现就是以市场为主要配置手段,结合政府公共政策为实现土地资源效率配置而综观考虑其各部门合理用地需求和跨世代配置,实现土地资源效率配置为目标,利用价格、税收、效率的产权安排和政府的公共政策等安排来实现。

一、土地节约集约利用制度建设

（一）国土资源节约集约模范县、市的建设

为落实资源节约型和环境友好型社会建设要求,国土资源部大力推进土地节约集约利用,以土地利用方式转变促进经济结构调整和发展方式转变。建立单位 GDP 和固定资产投资规模增长的新增建设用地消耗考核和成果应用制度体系。大力推进国有建设用地有偿使用制度改革,进一步完善土地市场体系和运行制度,加强土地供后监管,确保土地形成有效供应,提升利用效率。坚持开展《划拨用地目录》中行业用地指标的制定、修订工作。加强开发区用地管理,发布实施《开发区土地集约利用评价规程》和《开发区土地集约利用评价数据库标准》,更新全国各类开发区土地集约利用评价结果。在全国范围内开展国土资源节约集约模范县(市)创建活动,组织研究制定土地资源节约集约管理指标标准体系。2010 年,核减国务院批准单独选址建设项目中不合理用地 761.2hm²,核减省级政府批准单独选址建设项目中不合理用地 2141.9hm²。

2012 年出台《关于大力推进节约集约用地制度建设的意见》,形成了节约集约用地制度的框架体系,建立了节约集约用地八项制度。修订《闲置土地处置办法》,发布《限制用地项目目录(2012 年版)》和《禁止用地项目目录(2012 年版)》。下发《关于严格执行土地使用标准大力促进节约集约用地的通知》和《关于推广先进适用技术提高矿产资源节约与综合利用水平的通知》,为国土资源节约集约利用提供了制度保障和技术标准。

2013 年研究促进国土资源节约集约利用的顶层设计,研究起草了《国土资源节约集约利用指导意见》《推进节约集约用地行动计划(2014—2019)》,制定了《节约集约利用土地规定》,启动编制《建设项目节地评价规范》,出台《开展城镇低效用地再开发试点指导意见》,促进经济发展方式转变。进一步完善土地使用标准制度体系,组织编制《长距离大管径输气管道建设用地指标》,上海、江苏、浙江、深圳等地完善本省(市)工业用地控制指标和产业用地指南,进一步体现工业项目土地利用效率与效益并重的要求。

2014 年颁布实施《节约集约利用土地规定》(国土资源部令第 61 号),下发《关于推进土地节约集约利用的指导意见》(国土资发〔2014〕119 号),完成 20 个小城市节约集约用地评价,启动全国城市节约集约用地评价工作。修订完成《矿产资源节约与综合利用鼓励、限制和淘汰技术目录》,为国土资源节约集约利用向更大范围、更宽领域、更深层次推进摸清了底数和潜力。

2015年印发《关于规范开展建设项目节地评价工作的通知》(国土资厅发〔2015〕16号),促进超标准、无标准建设项目节约用地。编制《光伏发电站工程项目用地控制指标》(国土资规〔2015〕11号),启动《石油天然气工程项目建设用地指标》修订,弥补产业(能源)领域用地标准空白。国家发改委、财政部、国土资源部、住建部、交通运输部、公安部、银监会联合下发《关于加强城市停车设施建设的指导意见》(发改基础〔2015〕1788号),推广停车场(楼)节地技术。对432个国家级和1100多个省级开发区开展新一轮集约用地评价。启动第三届第一批次国土资源节约集约模范县(市)创建,制定《国土资源节约集约模范县(市)创建活动评选考核办法》,组织对全国141个参评县(市)、204个已获评模范县(市)进行评选考核。围绕节约集约模式、技术、制度和管理创新,发掘、推广资源节约集约利用典型案例300余个。开展节约集约公益宣传,播出国土资源节约集约利用公益广告。

“十二五”期间,通过开展创建活动,建立了一套国土资源节约集约评价指标标准体系,评选产生212个节约集约模范典型,推动全国1000多个县(市)成立了创建活动组织机构。超过60%的参评县(市)将节约集约利用指标纳入地方经济社会发展规划和领导干部政绩考核体系。

经国务院主管部门批准,国土资源部于2010年6月正式启动国土资源节约集约模范县(市)创建活动。创建活动开展以来,地方各级党委、政府及国土资源部门高度重视,精心组织,资源节约集约利用正逐步成为社会的共同行动,涌现出一大批资源节约集约利用得好的典型。

表2-3　典型案例评选概况表

年份	评选产生模范县(市)个数	评选产生模范地级市个数	评选产生典型案例个数
2011	101		
2012	101	10	
2015			212

(二)2022年自然资源节约集约示范县(市)的创建

《自然资源部关于开展自然资源节约集约示范县(市)创建工作的通知》(自然资发〔2022〕148号)标志着全国自然资源节约集约示范县(市)创建工作开始,

创建活动以县市人民政府为创建主体,以提高资源节约集约利用水平为核心,以完善政策协同为抓手,从土地、矿产、海洋三个维度进行分项创建。考虑到各地资源要素禀赋差异,针对土地、矿产、海洋三个分项,分别设立了一套体现节约集约利用水平的标准,最终从全国累计申报的 373 个县(市)中评选出 258 个,认定为第一批自然资源节约集约示范县(市)。其中,土地资源类 183 个,矿产资源类 57 个,海洋资源类 18 个,示范期为 2023 至 2025 年,2025 年将评选第二批。土地类主要从推动节约用地、减量用地,优化土地利用结构和布局,加大存量土地盘活力度,提升用地强度和效率等角度考察。本次创建活动主要是以示范县市创建为平台抓手,指导推动各地以标准为基础、指标为依据、创新为动力、示范为导向,着力提升自然资源节约集约利用整体水平,推动生态文明建设和经济高质量发展。目的在于通过示范创建引导各地转型绿色发展,探索资源节约集约利用的制度创新、模式创新、政策创新和技术创新,更好发挥示范县(市)在节约集约领域的首创作用,在全社会营造自然资源节约集约利用的良好氛围,为实现高质量发展提供有力支撑。

(三)节约集约实践模式

各地结合实际,积极开展国土资源节约集约利用模式、技术、制度和管理创新。国家于 2017、2020、2022 年土地主管部门分别公布了三批节地技术和节地模式推荐目录。第一批共 6 项节地技术和 11 项节地模式;第二批聚焦轨道交通地上地下空间综合开发利用,共 6 项节地模式;第三批包括工业厂房节地技术、基础设施建设节地技术、新能源环保产业节地技术、地上地下空间综合开发模式、城镇低效用地再开发模式、农村集体建设用地节约挖潜模式,共 6 种类型,23 个典型案例。

专栏 2-6　特色田园乡村发展节地模式

一、项目概况

祁浜村地处江苏省苏州市昆山市周庄镇中部,是一个历史底蕴深厚的传统江南水乡村落。昆山市积极响应国家乡村振兴战略,以特色田园乡村建设为抓手,充分挖掘祁浜江南水乡田园风光特色,整合利用闲置的农房,推进农村"三块地"改革,发展特色乡村旅游,在不新增建设用地的情况下,打造出了"香村·祁庄"这个获得"中国优秀国际乡村旅游目的地"的乡村游旅品牌。祁浜在乡村振兴中的土地利用方式,也开创了独具江苏特色的乡村一、二、三产业融合发展节地模式。

昆山周庄祁浜村

二、主要做法及模式特点

（一）主要做法

昆山 2017 年就实现了"一村一规划"。为更好地引导祁浜构建生产、生活和生态三位一体的特色田园乡村，昆山以三珠浜自然村为载体，及时修编、充分汇集镇村布局规划、实用性村庄规划、特色田园乡村规划等成果，形成一本规划、一张蓝图。在不破坏乡村原有风土人情、不迁移原住村民的基础上，充分利用低效资源，构建以乡村旅游为基础的土地利用新布局：一方面，调整归类农林用地，将现状较为零散的用地适度归并，引导村民种植与休闲、游憩、观赏有关的经济农作物，优化乡村生态基底，带动乡村产业提升；另一方面，从交通道路、水系绿化、村庄景观、田园景观、公共服务设施、市政公用设施等方面对村内建设用地进行统一规划，赋予乡村多元价值，助力乡村文明复兴。

（二）模式特点

一是社会资本租用村民闲置的宅基地，打造示范性特色民宿项目，以点带面引导村民参与旅游业发展，尊重民俗文化、季节变化和地块现状功能，挖掘乡村生态休闲、旅游观光、文化教育价值，撬动村庄土地资源价值整体提升。二是将生态优先和节约集约用地放在首位，构建"旅游＋N"模式。农用地在严格保护和农地农用的前提下，复合了休闲农业、乡村旅游、农业科普、农事体验等功能，打造了稻田、鱼塘、梅园、桃园等休闲农业项目，复合了民宿民俗、创意休闲等功能，推进了乡村旅游与文化、农业、科创等产业的深入融合。三是集中保护修复，按照统一规划，系统推进生态保护修复和人居环境整治，补齐公共服务短板，提升村民幸福感、获得感。

三、配套政策（实践探索）

祁浜发展一二三产业"三产融合"、生产生活生态"三生同步"、农业文化旅游"三位一体"新业态、新路径的支撑政策有：一是基于农村土地集体所有、土地承包经营权确权登记，建立土地经营权流转和农业生产补助长效保护机制，积极探索农村宅基地改革，引入专业合作社、专业大户及旅游公司等多元经营主体，将闲置的农房转化为特色乡村生活体验，增强集体资产的使用率、升值集体资产；二是充分利用村庄存量建设用地，在不产生新增建设用地的前提下，整合再利用低效、零散的建设用地，将废旧厂房改建为党员教育基地、特色产品生产基地及其他旅游配套设施，不断加大旅游基础设施投入，以资源的整合推动构建"集体、农民、公司"三者利益关联的新机制；三是大力推进房地一体农村不动产登记，为农民增加财产性收入提供产权保障，不断促进闲置农房租赁和宅基地使用权流转，从而支撑基于闲置宅基地资源整合的乡村旅游民宿的兴起，促进当地就业和农民增收。

国家已出台有关支持政策如下：

1. 自然资源部、国家发展改革委、农业农村部联合印发《关于保障和规范农村一二三产业融合发展用地的通知》（自然资发〔2021〕16号），规定在符合国土空间规划前提下，鼓励对依法登记的宅基地等农村建设用地进行复合利用，发展乡村民宿、农产品初加工、电子商务等农村产业。

2. 《关于深入推进农业供给侧结构性改革 做好农村产业融合发展用地保障的通知》（国土资规〔2017〕12号）规定，在充分保障农民宅基地用益物权、防止外部资本侵占控制的前提下，探索农村集体经济组织以出租、合作等方式盘活利用空闲农房及宅基地，按照规划要求和用地标准，改造建设民宿民俗、创意办公、休闲农业、乡村旅游等农业农村体验活动场所。

3. 《关于促进乡村旅游可持续发展的指导意见》（文旅资源发〔2018〕98号）规定，鼓励通过流转等方式取得属于文物建筑的农民房屋及宅基地使用权，统一保护开发利用。在充分保障农民宅基地用益物权的前提下，探索农村集体经济组织以出租、入股、合作等方式盘活利用闲置宅基地和农房，按照规划要求和用地标准，改造建设乡村旅游接待和活动场所。

四、节地效果

通过与乡村旅游的融合提升、对村落环境的改善丰富、对生态要素的保护修复，将低效、零散的土地资源整合再利用，在不破坏乡村原有风土人情、不迁移原住村民、不增加建设用地的情况下，依托规划统筹以及市场机制的综合施策，有序推进农村产业深度融合和土地复合利用。

五、适用范围

适用于自然条件良好、交通基础设施相对完善、距离城市较近，具备传统田园乡村风貌、地方特色的古村落进行乡村旅游开发。

资料来源：自然资源部网站《案例二十二　特色田园乡村发展节地模式》，《节地技术和节地模式推荐目录（第三批）》，2022 年 1 月 28 日

二、高标准农田建设

高标准农田是田块平整、集中连片、设施完善、节水高效、农电配套、农机作业、土壤肥沃、生态友好、抗灾能力强，与现代农业生产和经营方式相适应的旱涝保收、稳产高产的耕地①。"高标准农田是旱涝保收、高产稳产的农田，是耕地中的精华。"高标准农田的"高"有四大体现，第一个"高"是农田质量高，第二个"高"是产出能力高，第三个"高"是抗灾能力高，第四个"高"是资源利用效率高。

"洪范八政，食为政首。""万物土中生，有土斯有粮。"随着人口增长和城镇化不断发展，人多地少、耕地面积相对不足的矛盾日益凸显，部分地区由于农业资源长期透支导致地力下降、资源环境压力持续加大等问题，迫切需要在高标准农田建设中更加突出耕地质量的保护与提升。近些年来，中央和各级地方政府持续加大对农田水利、农田平整、土壤改良等方面的人力、物力和财力投入。党的十九大报告提出，"确保国家粮食安全，把中国人的饭碗牢牢端在自己手中"。高标准农田建设是保障我国粮食安全的重要举措之一。要让装满中国粮的饭碗牢牢端在自己手上，需持续改善农业生产条件，推进高标准农田建设，进一步提升粮食生产能力。

（一）高标准农田制度建设

党中央、国务院历来高度重视高标准农田建设工作。

2012 年 3 月，国务院批准《全国土地整治规划（2011—2015 年）》，提出在"十

---

① 《高标准农田建设　通则》GB/T 30600—2022.

二五"期间,再建成 4 亿亩旱涝保收高标准基本农田。国土资源部、财政部下发《关于加快编制和实施土地整治规划大力推进高标准基本农田建设的通知》,明确提出 2012 年各省(自治区、直辖市)高标准基本农田建设计划。中央财政全年拨付资金 273 亿元,启动 500 个高标准基本农田示范县建设,完成了 1 亿亩高标准基本农田建设任务。

2016 年中央 1 号文件要求大规模推进高标准农田建设,实行"统一建设标准、统一监管考核、统一上图入库"。2017 年中央 4 号文件明确"高标准农田建设情况要统一纳入国土资源遥感监测'一张图'和综合监管平台,实行在线监管,统一评估考核"。2017 年 2 月,经国务院同意,国家发改委、国土资源部等七部委联合印发《关于扎实推进高标准农田建设的意见》(发经农经〔2017〕331 号),进一步提出"依托国土资源遥感监测'一张图'和综合监管平台,利用农村土地整治监测监管等有关部门的管理系统,建立信息化管理机制,对高标准农田实现全程监控、精准管理"。

国务院办公厅《关于切实加强高标准农田建设提升国家粮食安全保障能力的意见》(国办发〔2019〕50 号)指出:"确保重要农产品特别是粮食供给,是实施乡村振兴战略的首要任务。建设高标准农田,是巩固和提高粮食生产能力、保障国家粮食安全的关键举措。""以习近平新时代中国特色社会主义思想为指导,全面贯彻党的十九大和十九届二中、三中、四中全会精神,紧紧围绕实施乡村振兴战略,按照农业高质量发展要求,推动藏粮于地、藏粮于技,以提升粮食产能为首要目标,聚焦重点区域,统筹整合资金,加大投入力度,完善建设内容,加强建设管理,突出抓好耕地保护、地力提升和高效节水灌溉,大力推进高标准农田建设,加快补齐农业基础设施短板,提高水土资源利用效率,切实增强农田防灾抗灾减灾能力,为保障国家粮食安全提供坚实基础。"明确"五个统一",即统一规划布局、统一建设标准、统一组织实施、统一验收考核、统一上图入库的具体要求。允许地方因地制宜制定不同标准。明确强化资金投入和机制创新,建立健全农田建设投入稳定增长机制。实行中央统筹、省负总责、市县抓落实、群众参与的农田建设工作机制。并提出"到 2020 年,全国建成 8 亿亩集中连片、旱涝保收、节水高效、稳产高产、生态友好的高标准农田;到 2022 年,建成 10 亿亩高标准农田,以此稳定保障 1 万亿斤以上粮食产能;到 2035 年,通过持续改造提升,全国高标准农田保有量进一步提高,不断夯实国家粮食安全保障基础"的目标任务。

《全国高标准农田建设规划(2021—2030 年)》提出,到 2025 年我国累计建成 10.75 亿亩并改造提升 1.05 亿亩高标准农田,到 2030 年累计建成 12 亿亩并改造提升 2.8 亿亩高标准农田,到 2035 年,全国高标准农田保有量和质量进一步提高。2023 年中央一号文件再次强调"加强高标准农田建设",这是连续第 12

年在中央一号文件中提出。文件对高标准农田建设提出了新要求和新任务，首次将"制定逐步把永久基本农田全部建成高标准农田的实施方案"写入一号文件。

（二）高标准农田建设实践

《高标准农田建设 通则》（GB/T 30600—2022）中高标准农田建设，为减轻或消除主要限制性因素、全面提高农田综合生产能力而开展的田块整治、灌溉与排水、田间道路、农田防护与生态环境保护、农田输配电等农田基础设施建设和土壤改良、障碍土层消除、土壤培肥等农田地力提升活动。

农业农村部数据显示，建设高标准农田，不仅能够新增粮食产能，而且能够提升农田抗灾能力。据评估，建成以后项目区的耕地质量一般提升1个至2个等级，粮食产能平均提高10％到20％，亩均粮食产量提高100公斤。在严重气象灾害年份，项目区粮食产能稳定性水平要明显高于非项目区。

耕地是粮食生产的命根子。习近平总书记在2022年中央农村工作会议上强调，坚决守住18亿亩耕地红线，逐步把永久基本农田全部建成高标准农田。[1] 到2022年底全国已累计建成10亿亩高标准农田，稳定保障1万亿斤以上粮食产能，19.18亿亩耕地超过一半是高标准农田。2023年我国将继续加强高标准农田建设，新建4500万亩、改造提升3500万亩。高标准农田如何建、谁来建？建成之后如何管护？各地进行了因地适应的实践。

专栏 2-7　高标准农田建设典型案例｜锡山区
东港镇港南村高标准农田项目

建数字特色农田，谱大美乡村画卷

港南村位于无锡市锡山区东港镇东南部，南依羊尖镇，东临常熟王庄，由原胡家巷、北古庄和朱青庄村合并而来。全村总面积7.1平方公里，农户1124户，户籍人口4460人，耕地面积5500亩。近年来，东港镇港南村认真贯彻落实"藏粮于地、藏粮于技"重大战略，把高标准农田建设作为进一步落实"三农"工作要求的重要抓手，积极保障粮食生产，不断改善农业基础设施，加快促进农业提质增效，为乡村振兴注入新动能。

一、夯实基础增产能

2019年以来，港南村加强低效农用地的整治，综合实施红豆杉退

---

① 习近平.锚定建设农业强国目标 切实抓好农业农村工作[EB/OL].（2022-12-24）[2024-01-26].中华人民共和国中央人民政府网,https://www.gov.cn/xinwen/2022-12/24/content_5733398.htm.

租还田、农业种植结构调整,大力推进高标准农田建设,累计投资 1320 多万元,先后分 3 期建成了 1872 亩集中连片的高标准农田,新增粮食种植面积 1600 亩,田容田貌焕然一新,小块田变成了大方田,田成方、路相通、渠相连,夯实了粮食生产基础。

二、智能管理提功效

2021 年,港南村与无锡广电、区水利局、区农业农村局深化合作,累计投资 560 多万元,配套建设了数字农业物联网监管中心,引进无线传输技术、大规模数据处理与远程控制等物联网核心技术,打造集农业环境监控、病虫害防治与研究、安全监管监控、气象灾害预警、智慧化灌溉等多功能于一体的数字农田系统,大力发展大数据智慧农业,提高农田生产效率,增强农业抗风险能力。

三、规模经营促发展

港南村坚持良田粮用,强化土地流转规模化经营,引进种粮大户 3 户,配置了农机库房、谷物烘干、稻米加工等农机装备,实行统一品种种植、统一农资供应、统一机械作业、统一技术管理、统一产品销售,打造了"源锡港南大米"品牌。目前,港南村千亩高标准农田粮食种植区已成为锡山国家现代农业产业园东港分园优质大米核心产区。

四、三产融合挖潜力

港南村聚力推进乡村振兴,加快三产融合发展。以高标准农田为核心载体,加强农耕文化的传承和农业旅游资源的开发,春播秋收时节结合学生户外实践拓展,通过举办节庆活动、实践课堂、少儿画展、农产品评鉴会,促进稻田文化产业延伸;2021 年港南村投入千万元进一步提升农村村庄环境、农村基础设施等,与千亩良田比邻的古北庄、彩云里等特色村庄应运而生,田园与家园和谐共生、美美与共,吸引了众多城乡居民慕名前往休闲、徒步、观光,为村级集体经济发展注入新机。2021 年港南村被评为江苏省美丽家园省级示范,2022 年古北庄被评为省级特色田园乡村。

资料来源:无锡市农业农村局微信公众号,2022-12-26

参考文献

[1] 北京未来新世纪教育科学发展中心. 土地资源的保护[M]. 北京:远方出版社,2007.

[2] 毕宝德. 土地经济学[M]. 北京:中国人民大学出版社,2002.

[3] 曹宝明,唐丽霞,等.全球粮食危机与中国粮食安全[J].国际经济评论,2021(2):9-21,4.

[4] 常钦.建设高标准农田,保障粮食安全[N].人民日报,2019-11-26(2).

[5] 常钦.更多粮田变良田[J].人民日报,2023-1-16(2).

[6] 关江华,黄朝,等.不同生计资产配置的农户宅基地流转家庭福利变化研究[J].中国人口·资源与环境,2014(10):135-142.

[7] 黄民生,何岩,方如康.中国自然资源的开发、利用和保护(第二版)[M].北京:科学出版社,2011.

[8] 黄祖辉,李懿芸,毛晓红.我国耕地"非农化""非粮化"的现状与对策[J].江淮论坛,2022.4:13-21.

[9] 胡岳岷,刘元胜.中国粮食安全:价值维度与战略选择[J].经济学家,2013(5):60-56.

[10] 郝士横.诗词中的土壤功能[EB/OL].土壤时空.(2020-02-29)[2023-03-30].https://mp.weixin.qq.com/s/r3vxv63WHpFwn-nRiUVEww

[11] 李军豪,陈勇,杨国靖,周立华.1975—2018年民勤绿洲沙漠化过程及其驱动机制[J].中国沙漠,2021,41(03):44-55.

[12] 李艳梅.与土地和谐共处[N].中国国土资源报,2001-04-18(004).

[13] 李力行.推进农地抵押的现实路径[J].国土资源导刊,2011(8):58-59.

[14] 王永生,李玉恒,刘彦随.水资源约束下中国沙化土地整治工程与区域农业可持续发展研究——以陕西省榆林市为例[J].中国科学院院刊,2020,35(11):1408-1416.

[15] 王艳华.我国土地资源管理可持续发展对策思考[J].科技经济导刊,2017(18).

[16] 王立波,张儒普.土地资源可持续发展的一个潜在危机[J].生态经济,2008(07):65-67+72.

[17] 汪晓菲,何平,康文星.若尔盖县土地沙化现状及沙化发展动态特征[J].中南林业科技大学学报,2014(12):124-129.

[18] 辛思伽.探究农村土地利用与环境保护的问题与对策[J].资源节约与环保,2021(04):38-39.

[19] 薛占金,秦作栋,程芳琴.晋西北地区土地沙漠化时空格局及其驱动因素[J].中国环境科学,2020,40(12):5428-5435.

[20] 易劳逸.家族、土地与祖先:近世中国四百年社会经济的常与变[M].苑杰译.重庆:重庆出版社,2019.

[21] 姚士谋,王万茂,张落成,陈爽,朱振国,陈彩虹,房国坤.七位专家学者致信全国各市、县国土资源局局长:我国沿海地区水土资源保护与城市建设的问题与建议[J].国土资源,2003(09):4-6+3.

[22] 岳文泽,侯丽."18亿亩耕地红线"是怎么来的[N].学习时报,2022-6-13(7).

[23] 杨顺华.乌克兰为什么是"面包篮子"? 得从黑土说起[EB/OL].(2022-03-21)[2022-10-21].科学大院,https://mp.weixin.qq.com/s/gjPiFX4SS4PlU61pGm3nzQ.

[24] 杨顺华.乌克兰为什么是"面包篮子"? 得从黑土说起[EB/OL].(2022-03-21)[2022-10-21].科学大院,https://mp.weixin.qq.com/s/gjPiFX4SS4PlU61pGm3nzQ.

[25] 赵泽民.长三角地陷:沉默的土地危机[N].国际金融报,2005-03-25.

[26] 张德元.农村宅基地的功能变迁研究[J].调研世界,2011(11):21-23,54.

[27] 自然资源部网,2017年中国土地矿产海洋资源统计公报、历年中国国土资源公报.

[28] 自然资源部办公厅关于2022年度国家级开发区土地集约利用监测统计情况的通报(自然资办函〔2023〕215号).http://gi.mnr.gov.cn/202302/t20230209_2775605.html.

[29] 中国荒漠化和沙化状况公报[R].(2015-12-29)[2023-07-16].http://www.forestry.gov.cn/search.40907.

第三章 生物资源与人类生活

生物资源是人类生存和发展的重要物质基础,主要包括生物遗传资源、生物质资源和生物信息资源三大类型。在地球生物圈中,生物资源至关重要。首先,生物资源是人类繁衍和发展的物质基础,为人类的生产生活提供食物、药品、材料等基本保障;其次,生物资源是地球上物种多样性和遗传多样性的重要载体,与其生活环境共同构成了多样性的生态系统和生态过程。因此,对生物资源进行合理地开发与利用,实现生态环境的动态平衡和生态系统的良性循环,是推动社会经济可持续发展的关键环节。

第一节 生物资源的内涵

一、生物资源的概念

当今,世界各国都十分重视生物资源的保护与利用,作为重要战略性资源,生物资源是人类赖以生存和发展的物质基础。1992 年联合国环境与发展大会在《生物多样性公约》中指出,生物资源是指"对人类具有实际或潜在用途及价值的生物遗传资源、生物体或其部分、生物种群或生态系统中任何其他生物组成部分"。实际上,生物资源泛指生物圈中一切具有生命现象或由生命过程所派生的资源,主要包括生物遗传资源、生物质资源和生物信息资源三大类型。其中生物遗传资源为生物资源的自然属性;生物质资源和生物信息资源为生物资源的社会属性。

(一)生物遗传资源

生物遗传资源(biogenetic resources)是指具有实际或潜在价值(包括经济、社会、文化、环境等方面价值),来自植物、动物、微生物或其他来源的任何含有遗传功能单位的材料,包含物种及物种以下的分类单元(亚种、变种、变型、品种、品系、类型),包括个体、器官、组织、细胞、染色体、DNA 片段和基因等多种形态。按照传统的生物分类体系,生物遗传资源主要分为植物资源、动物资源和微生物资源。

1. 植物资源

我国是世界上植物多样性最丰富的国家之一。在我国发现的高等植物超过36000种，约占世界总数的10％。其中包括2129种石松类及蕨类植物，237种裸子植物和30068种被子植物。50％以上的野生植物是我国特有种，其中种子植物总数的52.1％，石松类及蕨类植物中的40％为中国特有种。我国历史上形成的主要栽培植物（包括引进的外来物种）：粮食作物（谷类、豆类、薯类）40种，经济作物（纤维、油料、糖类、饮料、染料、香料、特用类作物）约70种，果树约80种，蔬菜（叶菜类、茄果类、根菜类、葱蒜类）280种，饲草与绿肥约100种，花卉130余种，药用150余种，林木100余种。上述栽培植物中，起源于中国或在中国种植历史超过2000年的有350种左右。

我国有5000年的农业史，中华民族先民培育更新了很多植物品种，包括水稻、高粱、豆类、桃子、梨子、李子等，对人类农业做出了重大贡献。多种栽培植物同繁多的原始天然植物一脉相承，使我国成为世界上植物资源最丰富的国家之一。以水稻为例，我国通过培育紫米、黑米和香米等具有遗传特质的水稻品种，丰富了水稻种质资源。我国科学家不仅在全球率先培育了矮秆稻和杂交稻，极大地提高了水稻的产量和质量，还推出了海水稻、巨型水稻等新的水稻类型，为人类的粮食安全做出了重大贡献。

2. 动物资源

动物是生态系统中的纯粹消费者，参与生态系统中物质和能量的分配、循环和再分配，转换新的生物质，是自然生态系统的重要组成部分。我国是世界上野生动物资源较为丰富的国家之一。其中哺乳类673种，约占世界哺乳类总数的12％，特有哺乳类150种，如鲸偶蹄目的安徽麝、黑麂、小鹿、白唇鹿、麋鹿、普氏原羚、台湾鬣羚、白鱀豚、长江江豚；灵长目的川金丝猴、滇金丝猴、黔金丝猴、海南长臂猿、藏酋猴和台湾猕猴；食肉目的大熊猫和荒漠猫；兔形目的云南兔、海南兔和塔里木兔等。鸟类1372种，约占世界鸟类总数的13％，特有鸟类77种，如鸡形目的海南山鹧鸪、绿尾虹雉、四川山鹧鸪、黄腹角雉、白冠长尾雉；雀形目的贺兰山红尾鸲、弄岗穗鹛、灰冠鸦雀。爬行类461种，占世界爬行类总数的4.5％，特有爬行类143种，如鳄目的扬子鳄；有鳞目的莽山原矛头蝮。两栖类408种，占世界两栖类总数的4％，特有两栖类272种，如有尾目的镇海棘螈、琉球棘螈、高山棘螈。

3. 微生物资源

微生物资源是除动物、植物以外的微小生物的总称，在自然生态系统中广泛分布，约占地球生物量的17％，主要包括农业微生物、工业微生物和医学微生物,具有资源丰富、生长快、易改造等特征。它是国家战略性生物资源之一,是农业、林业、工业、医学、医药和兽医微生物学研究、生物技术研究及微生物产业持续发展的重要物质基础,是支撑微生物科技进步与创新的重要科技基础条件,与国民食品、健康、生存环境及国家安全密切相关。

专栏 3-1　人体有多少个细胞? 又有多少微生物?

你或许听过,你体内的微生物细胞量是体内细胞的十倍——而以现在的研究来看,十倍这个数字实在是有待商榷。来自以色列和加拿大的研究人员表示,人体内居住的微生物和人类细胞之间的比例更可能是 1∶1。

一个"标准人"(20～30 岁,身高 1.7m,体重 70kg)平均含有大约 30 万亿人体细胞和 39 万亿个细菌,比值为 1∶1.3。虽然这数字只是个近似值,其可能会在 1∶0.6 到 1∶2.6 之间浮动,但也绝没之前认为的 1∶10 这么夸张。并且由于这个数字十分的接近,因此每次排便时人体细胞的比例都可能高于体内的细菌。

十比一这个比例到处被引用,但是这个比例是怎么来的呢? 2010 年研究人员莫塞里欧·谢克特和史丹利·马洛伊研究了引用这个比值的各类学术引文,最终发现:许多引文将来源指向 1977 年德韦恩·萨维奇提出一篇有影响力的评论。萨维奇以吹毛求疵出名,因此很少人会去质疑这个连他本人都说只是可能为真的比值。

萨维奇得到的这个比值,源于拉奇在 1972 年写的一篇论文里所估计的数字,但是估算方法非常简单粗糙。拉奇估计 1g 粪便中有 10^{11} 个细菌,并且将其在从口腔到肛门的消化道中的体积按 1L 计算,得出肠道细菌总数约为 10^{14}。

米洛和同事决定通过回顾文献中范围广泛的最近实验的数据,包括用于计算细胞数量的脱氧核糖核酸(DNA)分析和计算器官体积的核磁共振成像,从而对这一数字进行再次评估。研究人员注意到,绝大多数的人体细胞是红细胞。据估计"标准人"体内的红细胞总数大约是 2.5×10^{13},"标准人"的细胞总数大约是 3×10^{13}。

在拉奇的论文中,肠道细菌的比重被严重高估了,消化道细菌是人体菌群的主体,而在消化道中,绝大部分细菌又都集中在结肠部分。根据既往研究数据,一个"标准人"的结肠容积大约是 0.4L,测量表明,正常粪便样本中的细菌数比拉奇认为的要少。结肠内容物的细菌含量约是每克 $0.9×10^{11}$，所以算下来一个"标准人"身上的细菌数量大约是 $3.9×10^{13}$。

综合以上所说，研究人员认为"标准人"体内自体细胞与细菌之间的平均比值为 1∶1.3。但这个新的估计还是有很多的不确定性，这篇论文也只是预发表状态。

无论确切数字为何，人体微生物群系对人类健康来说还是不可或缺的，但重要性却被低估；并不是说人体内的细菌现在推估出来只有当初的十分之一，它们的重要性就不比从前。爱达荷大学的微生物学家卡洛琳·霍夫德·波哈许说："我们很容易忘记自己活在微生物的世界，它们才是地球的主宰。"

资料来源：人体细菌是细胞数量的 10 倍？这或许要成为一个被遗忘的神话［EB/OL］.（2016-01-11）［2023-04-26］. https://wap. sciencenet. cn/home. php？ mod＝space&do＝blog&id＝949563.

(二)生物质资源

人类社会发展的早期阶段几乎全部的生产和生活资料都是生物质。生物质就是有机质，包括所有动物、植物、微生物生命活动所形成的有机质体，以及以植物、动物和微生物为食物的动物/微生物的转化产物和有机排泄物，也包括人类的生活活动所产生的有机质。生物质资源就是指可以直接利用或具备潜在利用价值的那部分生物质，是典型的可再生资源，也是人类生存、生产、生活所依赖的最基本的物质条件。

部分生物质因为不能及时处理或存量太大，成为环境负担。这部分生物质具备反资源特征。即便是这一部分生物质，在条件成熟时，仍然可能作为资源重新被利用。无论是鲜活农产品还是其他生物质，在收集处理之前其本身都存在呼吸作用消耗及被环境微生物降解的风险。因而，生物质只有按照一定标准被收集和处理后才是资源。

从来源角度考虑，生物质既可以来源于植物，如植物光合作用形成的木质纤维素就是自然界的第一大生物质；也可以来源于动物和微生物，如动物源的几丁质是自然界第二大生物质。

专栏 3-2　木质纤维素

植物源生物质以木质纤维素为代表，是绿色植物光合作用的直接产物或（和）衍生物，也是目前陆地上最丰富的生物质。据荷兰学者报道，基于绿色植物的光合作用，2004年全球生物质年产出潜力（按标准煤计）约为1172.82亿t，是当年世界石油消费量（38.37亿t）的30.57倍。也就是说将地球上7%的生物质暂时被储存起来，不烧掉或阻止其通过微生物降解，就能抵消当年人类燃烧煤炭和石油等化石燃料形成的CO_2总和。这些生物质基本上是以植物组织形成的木质纤维素形式而存在，一部分作为粮食或糖产品被收获。木质纤维素通过木质素、纤维素和半纤维素中的C—H键等化学储能方式把大部分光合作用获得的太阳能储存在长链分子中，并为微生物和动物提供基础代谢的能量来源。自然界丰富的木质纤维素生物质保障了丰富多彩的生命活动运转、衍生和功能发挥。

纤维素组成微细纤维束，构成网状结构的胞壁；木质素分散于纤维素纤维之间，但二者通常没有直接的化学键连接，木质素主要起着抗压作用；半纤维素贯穿于木质素和纤维素纤维之间，起着连接二者的作用，进而形成非常牢固的纤维素—半纤维素—木质素网络结构。木质纤维素的这一结构是植物在长期进化过程中自然选择的结果，因此木质纤维素生物质对环境中生物的或非生物的侵蚀都具有较强的抵抗能力。

资料来源：木质纤维素生物质[EB/OL].[2023-04-26].厦门大学能源学院生物质化学转化实验室网站 https://bccl.xmu.edu.cn/yjly1/mzxwsswz.htm.

（三）生物信息资源

生物信息资源是一种新形态生物资源，其基本内涵是指通过运用多学科方法，对生命活动过程中的生物分子如基因、蛋白质、脂类、糖类等以及生物基矿物质及其化合物的序列、结构和功能进行研究，并对所产生的数据进行获取、储存、解析、模拟与预测，形成相应的生物信息数据库，成为可利用的非实物化的信息资源。在大数据时代，生物信息资源已成为一种重要的战略性资源，催生了一系列生物新产业，如合成生物学、高效育种、疾病诊断和精准医疗等。

二、生物资源主要特点

生物资源具有七大特性：可再生性、系统性、地域性、周期性、稳定性、变动性和未知性。

一是可再生性。生物资源与非生物资源最主要的区别在于生物资源可以不断地更新,即通过繁殖而使其数量和质量恢复到原有的状态。以动物资源为例,可以通过从未开发区或开发轻度区向开发重度区的迁移来恢复其资源数量和质量,供人类重复开发利用。因此,生物资源属于可更新资源。生物资源的蕴藏量是一个变数,即生物资源的可更新性有一定的条件和限度。在正确管理下,生物资源可以不断增长,人类可以持续利用;若管理不当,破坏生物资源生长发育的基础,或者利用强度超过其可更新能力,必将导致生物资源的退化、解体,以至灭绝。

二是系统性。任何生物物种在自然界中都不是单独存在的,而是形成一种系统关系,即个体离不开种群,种群离不开群落,群落离不开生态系统,生物资源具有结构上的等级性。在生态系统中,每一个生物物种都占据一定的位置,具有特定的作用,即有一定的生态位。各生物物种之间相互依赖,彼此制约,协同进化。如被捕食者为捕食者提供生存环境,同时又为捕食者所控制;反过来,捕食者又受制于被捕食者。生物物种彼此间相生相克,使整个生态系统成为协调的整体。

三是地域性。生物不能离开特定的生态环境而存在,生物与其生态环境具有辩证统一的关系。一定的生态环境又是在特定的空间范围内形成和发展起来的。由于地球表面所处的维度和海陆位置的差异,致使地球形成了各种各样的环境条件,如森林、灌丛、草原、荒漠、湿地等;使生物资源在区域分布上形成了明显的地域性,其表现在不同的地区具有不同的生物资源,同一种生物资源分布在不同的地区,其资源数量和质量是有差异的。

四是周期性。生物资源的数量存在周期性,随时间的变化有明显的节律可循,可分为日周期、季节周期、年周期。生物资源质量也存在着周期性,最明显的例子是毛皮动物的毛皮质地呈现出的周期性。

五和六是稳定性和变动性。相对稳定的生物资源系统能够维持长期的能量流动和物质循环平衡,并对外部干扰具有反馈机制,维持系统的稳定。但是一旦干扰超出其承受力,资源系统就会瓦解。

七是未知性。目前人类还不能完全知道很多生物的具体价值,即便是目前已被确认和开发的生物资源,其价值仍未被充分认识。

第二节　生物资源的利用历史

人类利用生物资源的历史非常久远。我国在战国时代就开始注意保护生物资源,并在此基础上按四时节气的变化制定规则禁令、设置专职官员管理等方式,合理利用生物资源维护生态平衡,实现生物资源的可持续发展。我国古代对生物资源利用中所体现出的可持续发展思想,既是中华民族优秀的传统文化的重要组成部分,也对今天的社会经济发展有一定的借鉴意义。

一、我国古代对生物资源与生态平衡的认识

《荀子·王制》中说:"草木荣华滋硕之时,则斧斤不入山林,不夭其生,不绝其长也;鼋鼍鱼鳖鳅鳝孕别之时,罔罟毒药不入泽,不夭其生,不绝其长也。"文中反映出我国古代在保护和利用生物资源方面遵循的两条基本原则:一是适时地取,二是适量地取。也就是说,尽管人类为了生存不得不向自然索取,但要取之有时,用之有度,达到所谓"不夭其生,不绝其长"。由此可见,战国时代的先人已经认识到动植物的生长有其自然的规律,并具备了相应的保护理念。

《吕氏春秋》在哲学思想上持"万物一体"的唯物主义自然观,《有始览》指出:"天斟万物,圣人览焉,以观其类。解在乎天地之所以形,雷电之所以生,阴阳材物之精,人民禽兽之所安平。"将"人民"和"禽兽"放在同等的地位,认为他们都是由天地阴阳化生而来,彼此之间是平等的,所以应该各得其所而又和谐发展。生物资源对于人类经济生活和自然生态环境有着重要的作用。

我国古代先民通过实践发现,生物个体与生物群体同一定的生存环境存在着相互依赖、相互影响的关系,有什么样的生存环境,就会有什么样相应的生物,如《谕大篇》写道:"空中之无泽殹也,井中之无大鱼也,新林之无长木也。"生态系统在没有人为干扰的情况下可以发展到成熟阶段,也就是达到生态平衡状态。如《功名篇》说:"水泉深则鱼鳖归之,树木盛则飞鸟归之,庶草茂则禽兽归之。"《先己篇》说:"丘陵成而穴者安矣,大水深渊成而鱼鳖安矣。"

在《义赏》篇中,雍季之语"竭泽而渔,岂不获得而明年无鱼;焚薮而田,岂不获得而明年无兽"则非常明确地道出了人类在生物资源取用中为满足当前的需求,却对长远利益和持续发展构成了障碍。晋文公对此表示认同,说:"雍季之言,百世之利也……焉有以一时之务先百世之利者乎?"人们开始意识到,对生物资源的不适当利用会影响它们的再生能力,导致其枯竭,所以不能只顾眼前利益而不顾将来,要求改变对生物资源的掠夺性利用方式,保证生物资源的可持续利用和生态平衡。

二、我国古代保护和合理利用生物资源的可持续发展思想

先秦诸子中论及生物资源保护者较多,《论语》《孟子》《管子》《荀子》《逸周书》等均有记载,并在此问题上体现出一些共同的特点。

（一）按四时节气的变化制定规则禁令

我国古代有关生物资源保护和合理利用的思想有一个显著特点，就是以时节交替变化为基本依据，有关规定、措施大多围绕着"时"来展开的，"以时禁发"成为生物资源利用中的核心。

"时"的概念本身包括两个方面的内容，一是"旧月运行，一寒一暑"而生成的时节交替变化的"四时"，二是由此而决定的动植物生长发育的不同阶段。生物的生长繁息受天时制约，与自然界气候变化的节律相一致。所以，"禁"是为了保证生物资源自然再生产的正常进行，"发"是在此基础上对生物资源加以利用，"以时禁发"是对生物资源有效保护和合理利用的统一，其目的就是对生物资源适当利用，使其能够持续发展。

在中国古代社会，"时禁"不仅仅是一种观念，更是知行合一的实践。《吕氏春秋·上农》中载有当时的四时之禁："然后制四时之禁：山不敢伐材下木，泽不敢灰僇，缧网罝不敢出于门，罛罟不敢入于渊，泽非舟虞，不敢缘绝，为害其时也。"这里对砍伐林木、狩猎和捕鱼等也都按时令作出了相应的规定。以秦律之严苛，可以想见古代执行"时禁"的力度。

（二）设置专职官员管理

我国古代有关生物资源保护和合理利用思想的另一个特点，是主张通过制定法律和设置专职官员，以规范和管理生物资源的保护与利用。

春秋战国时期，随着人们对生物资源和生态环境认识的逐渐深化，生物资源保护的法令和措施也逐渐确立并系统化，同时也设立专职官员负责监督执行。从法令、措施的设置来说，《田律》称"律"，《月令》称"令"，《王制》称"制"，这些都是成文法形成的标志。从专职官员的设置来说，"虞衡"是先秦时代专职管理山林川泽的官员，这在《周礼·地官》中规定得颇为具体，包括"山虞""林衡""川衡""泽虞""迹人"等，分别掌管山地、林麓、川泽、国泽、田猎之地等等。

（三）将对生物资源的保护同社会伦理道德结合

我国古代有关生物资源保护和合理利用思想的再一个特点，是通过"德及禽兽"的道德诠释，将对生物资源的保护同社会伦理道德结合起来。

《异用篇》中讲述了商汤要捕鸟人网开三面的故事，原文如下：汤见祝网者，置四面，祝曰："从天坠者，从地出者，从四方来者，皆离吾网。"汤曰："嘻，尽之矣。非桀其孰为此也。"汤收其三面，置其一面，更教祝曰："昔蛛蝥作网罟，今之人学纾。欲左者左，欲右者右，欲高者高，欲下者下，晋取其犯命者。"商汤要求捕鸟人网开三面，其德及禽兽的行为受到了当时人们的赞誉，被称为道德完备的人。他的做法不但保护了生物资源，而且还赢来了道德上的赞誉和人心的归附。

总之，我国古代对生物资源的重要性的认识是深刻的，对有效保护和合理利用生物资源的措施和规则是非常具体的。强调人负有保护和合理利用生物资源的责任,不至于因其耗竭造成生态环境的恶化,毁坏经济可持续发展的基础。并从遵循自然规律、"以时禁发"方面作出了相关规定,从法律规范和道德两个层面上将使生物资源的保护和合理利用的措施得到落实,最终目的是保护生物资源和维护生态平衡,实现生态环境的动态平衡和生态系统的良性循环,实现社会经济的可持续发展。

第三节　生物多样性与人类关系

生物多样性是维持人类生活的物质基础,也是实现经济可持续发展的基本保障。随着经济的高速发展和生产生活的需要,生物多样性不断遭到破坏,生态系统丧失稳定性,野生动植物资源减少,生物多样性保护问题日趋严重。

一、生物多样性的内涵

多样性是所有生命系统的基本特征,生物多样性是多样性的生命实体群的特征,涵盖了地球上生物圈中所有的生物,即动物、植物、微生物,以及它们所拥有的遗传信息和生存环境。人类享受了生物多样性所保障的生存环境及其创造的价值,是生物多样性的受益者。

生物多样性内部层次体系的形成具有一定的逻辑性和特点,包括物种内(遗传多样性)、物种之间(物种多样性)以及生态系统(生态系统多样性)三个层次。

遗传多样性研究的最根本的是物种基因的问题。通过基因这个媒介可以将其分为广义和狭义两个层面。广义的遗传多样性是指地球上所有生物所携带的遗传信息的总和,狭义的遗传多样性是指种内个体之间或一个群体内不同个体的遗传变异总和。遗传多样性是物种生存和生态系统发挥正常功能的关键因素,是生物多样性的核心。

物种多样性包括区域物种多样性和群落多样性,前者指分类学、系统学和生物地理学角度的一定区域内物种的总和,后者指群落组织水平上生态学方面物种分布的均匀程度。物种多样性是生物多样性最基础、最关键的层次。

生态系统多样性是指生物圈内生境、生物群落和生态过程的多样化以及生态系统内的生境差异、生物群落和生态过程变化的多样性。按照全球性的区域划分,生态系统可分为陆地生态系统、海洋生态系统和淡水生态系统。三种生态系统均可以进一步分类,如陆地生态系统可分为森林、草原、湿地、荒漠、岛屿等生态系统。生态系统多样性是生物多样性研究的重点。

二、生物多样性的重要性

生物多样性的重要性归根结底体现在为人类创造许多价值，人类的目标是谋求可持续的社会经济发展，为了实现这一目标，必须保护地球的生命系统，而生物多样性是其核心。生物多样性的价值，在于生物资源和生态环境资源，宏观上可以分为生物多样性的直接价值和生物多样性的间接价值。

（一）生物多样性的直接经济价值

生物多样性以及相关的生态系统可以为人类生产生活带来巨大的直接经济价值，生物多样性的直接价值，可以理解为人类在生产生活中所利用消耗的属于物种本身的价值。

1. 提供丰富的食物

生物多样性为人们提供丰富的食物。从生态系统的角度来看，生物的光合作用和食物链的传递使地球上的生命系统得以运转，而处于食物链顶端的人类几乎完全从野生物种和驯化的同类物种中获取食物。据统计，地球上大约有 7 万至 8 万种可食用植物。在整个人类历史上，大约有 3000 种植物被用做食物，现在被人类栽培的大约 150 种。其中，人类所需食物的 75% 来自小麦、水稻、玉米、马铃薯、大麦、红薯和木薯这 7 种粮食作物。

专栏 3-3 地理大发现与食物革命
——新旧大陆之间粮食作物的传播

15 世纪开始的地理大发现是人类社会由分散孤立走向整体的开端。随之而来的"哥伦布大交换"（The Columbian Exchange）则使得人类文明的交往更加多元化、立体化。尤其值得注意的是，在这场史无前例的文明交流中农业所带来的推动力量，新旧大陆间的粮食作物也在多个维度上引发了一场全球规模的"食物革命"。其中既包括粮食作物在大洲之间的互相传播，同时也有粮食作物在原本大陆内部的深化交流。

一、美洲粮食作物的洲际交换

哥伦布"发现"美洲大陆后，由印第安人栽种的玉米、甘薯、马铃薯、木薯以及各种美洲豆类等农业作物开始传往旧大陆。由于这些高产作物的出现，红薯、南瓜、蚕豆，尤其是马铃薯和玉米，在欧洲和中国极大地增加了农业收获量和生存可能性。

在欧洲,传播最为成功的粮食作物当属玉米和马铃薯。玉米和马铃薯等作物自15世纪末16世纪初开始在欧洲传播。

16世纪时,玉米在欧洲已经成为一种常见的粮食种植作物。到17世纪,"玉米传播到了西班牙西北部和葡萄牙北部更为湿润的山区,彻底改变了那里的农业和膳食"。最终,玉米在伊比利亚半岛获得广泛传播,成为仅次于小麦的第二大粮食作物。从此之后,玉米在中东欧地区逐渐得到大规模推广播种。而直到今天,巴尔干半岛国家和多瑙河谷国家仍是世界上主要的玉米生产地区。

马铃薯在欧洲的传播稍晚于玉米,但对欧洲农业与社会经济带来的影响则更为重大。马铃薯具有产量高、营养成分丰富等特点,且马铃薯播种易成活、对土壤要求较低,在欧洲边远地区迅速为贫穷人所接受。如爱尔兰等地,17世纪时马铃薯就已经在爱尔兰地区广泛种植,并成为人们躲避战火、度过灾荒的主要食物。到18世纪时,"马铃薯已几乎成为(爱尔兰)农民唯一的食物"。而在中东欧地区,由于18世纪数次大饥荒的发生,普鲁士、匈牙利以及俄罗斯均开始大规模推广马铃薯的种植。

在亚洲,玉米、甘薯等作物得到了广泛传播,并深刻影响到中国、印度等地的农业生产和边远地区的开发。

甘薯,亦称番薯,在16世纪后期分多次传入中国,首先在福建、广东一带成为农民躲避荒年的重要食物。徐光启在《农政全书》中介绍番薯时,就曾提及其救荒作用,认为番薯"无患不熟,闽广人赖以救饥"。17世纪后期番薯开始向长江中下游地区传播,到"18世纪中叶遍及南方各省并向黄河流域及其以北地区扩展"。同时,甘薯凭借其产量高、适应性强等优点,迅速成为贫穷民众的重要口粮。民国《临沂县志》中记载,"甘薯即地瓜,种者极多,贫民以为粮"。

玉米原名叫玉蜀黍,也可以叫它番麦、玉麦、玉黍、苞谷、棒子等。玉米作为高产耐旱的粮食作物,则极大推动了中国偏远山地地区的开发。如陕西、四川交界的秦岭、大巴山区,在明代还属于尚未完全开发地区,到清代乾隆年间就已经在山区遍植玉米。道光年间的《石泉县志》记载:"乾隆三十年以前,秋收以粟谷为大庄,与山外无异。其后,川楚人多,遍山漫谷皆苞谷矣!"

二、旧大陆粮食作物在美洲的传播

小麦是美洲地区传播影响最为广泛的旧大陆粮食作物。西班牙、葡萄牙人最先到达美洲并展开殖民时,首先面临的问题就是解决殖民人口的粮食问题。出于饮食习惯和宗教等原因,欧洲人在美洲大陆殖民初期仍习惯于食用小麦制品。殖民者靠往返欧美的船只运载小麦或者面粉面临较大的成本问题。因此,在新大陆种植小麦就成为一件刻不容缓的事情。据考证,15世纪末,西班牙人就已经在西印度群岛种植小麦。到1602—1618年间,美国境内也出现了小麦种植。由此可见,小麦在美洲地区的传播速度十分迅猛。

水稻在美洲地区也获得了较大规模的传播。15世纪末,哥伦布第二次远航美洲时,将水稻等作物带到美洲的海地、波多黎各等地。16世纪后,水稻传到美国的密西西比州并向西扩展。17世纪时,古巴、牙买加等地也开始种植水稻。随后的一两个世纪内,水稻种植逐渐扩展到美洲的其他地区。相较小麦而言,水稻的传播深度与产量提高过程较慢,但其对于美洲农业发展的意义同样显著。特别是在北美地区,稻米为广大劳动人民(主要是黑奴)提供了基本食物。

资料来源:周红冰,沈志忠.20世纪前全球化进程中的农业因素——从地理大发现到工业革命[J].中国农史,2018,37(3):60-74+126.

2. 提供宝贵的医药资源

大自然是人类的医学宝库,丰富的植物、动物和微生物物种可以为疾病的治疗和研究提供丰富的资源。热带地区物种多样性丰富,是医药的重要来源。不少植物具有的毒素正是药用成分,如萝芙木含有抗高血压的成分,长春花含有抗癌成分,大丁草含有抗蛇毒成分等。动物中药用的也不少,如蚂蚁等。利用微生物制药的就更普遍,如青霉素就是一种由真菌制成的药物,它的发现和应用揭开了人类使用抗生素的历史,将人类的平均预期寿命从40岁提高到60岁。

专栏3-4　鲜为人知的青霉素发明背后离奇的故事

第一次世界大战期间,英国皇家陆军医疗队队长亚历山大·弗莱明奔赴法国前线,研究疫苗是否可以防止伤口感染。这给了弗莱明一个极其难得的系统学习致病细菌的好机会。在那里他还验证了自己的想法,在含氧高的组织中,伴随着氧气的耗尽,将有利于厌氧微生物的生长。另外他和赖特证实用杀菌剂消毒创伤的伤口,事实上并未起到好的作用,细菌没有真正被杀死,反倒把人体吞噬细胞杀死了,伤口更加容易发生恶性感染。他们建议使用浓盐水冲洗伤口,这项建议到了二战时期才被广泛采纳。

1921 年 11 月弗莱明患上了重感冒。在他培养一种新的黄色球菌时,他索性取了一点鼻腔黏液,滴在固体培养基上。两周后,当弗莱明在清洗前最后一次检查培养皿时,发现一个有趣现象。培养基上遍布球菌的克隆群落,但黏液所在之处没有,而稍远的一些地方,似乎出现了一种新的克隆群落,外观呈半透明如玻璃般。弗莱明一度认为这种新克隆是来自他鼻腔黏液中的新球菌,还开玩笑的取名为 A.F.(他名字的缩写)球菌。

1921 年 11 月 21 日,弗莱明的实验记录本上,写下了"抗菌素"这个标题,并素描了三个培养基的情况。第一个即为加入了他鼻腔黏液的培养基,第二个则是培养的一种白色球菌,第三个的标签上则写着"空气"。第一个培养基重复了上面的结果,而后两个培养基中都长满了细菌克隆。很明显,到这个时候,弗莱明已经开始做对比研究,并得出明确结论,鼻腔黏液中含有"抗菌素"。随后他们更发现,几乎所有体液和分泌物中都含有"抗菌素",甚至指甲中,但通常汗水和尿液中没有。他们也发现,热和蛋白沉淀剂都可破坏其抗菌功能,于是他推断这种新发现的抗菌素一定是某种酶。当他将结果向赖特汇报时,赖特建议将它称为溶菌酶,而最初的那种细菌如今被称为滕黄微球菌。

为了进一步研究溶菌酶,弗莱明曾到处讨要眼泪,以至于,一度同事们见了他都避让不及,而这件事还被画成卡通登在了报纸上。1922 年 1 月,他们发现鸡蛋的蛋清中有活性很强的溶菌酶,这才解决了溶菌酶的来源问题。1922 年稍晚些的时候,弗莱明发表了第一篇研究溶菌酶的论文。弗莱明和他的助手对新发现的溶菌酶又做了持续 7 年的研究,但结果让人失望,这种酶的杀菌能力不强,且对多种病原菌都没有作用。

1928 年夏弗莱明外出度假时,把实验室里在培养皿中正生长着细菌这件事给忘了。3 周后当他回实验室时,注意到一个与空气意外接触过的金黄色葡萄球菌培养皿中长出了一团青绿色霉菌。在用显微镜观察这只培养皿时弗莱明发现,霉菌周围的葡萄球菌菌落已被溶解。这意味着霉菌的某种分泌物能抑制葡萄球菌。此后的鉴定表明,上述霉菌为点青霉菌,因此弗莱明将其分泌的抑菌物质称为青霉素。

澳大利亚病理学家弗洛里和生物化学家钱恩,通过一段时间的紧张实验,终于用冷冻干燥法提取了青霉素晶体。1940 年他们给 8 只小鼠注射了致死剂量的链球菌,然后给其中的 4 只用青霉素治疗。几个小时内,只有那 4 只用青霉素治疗过的小鼠还健康活着。但是青霉素会使个别人发生过敏反应,所以在应用前必须做皮试。在这些研究成果的推动下,美国制药企业于 1942 年开始对青霉素进行大批量生产。到了 1943 年,制药公司已经发现了批量生产青霉素的方法。当时英国和美国正在和纳粹德国交战。这种新的药物对控制伤口感染非常有效。到 1944 年,药物的供应已经足够治疗第二次世界大战期间所有参战的盟军士兵。

1945 年弗莱明、弗洛里和钱恩因"发现青霉素及其临床效用",共同荣获了诺贝尔生理学及医学奖。

资料来源:鲜为人知的青霉素发明背后离奇的故事[EB/OL].(2017-09-01)[2023-04-26]. https://www. sohu. com/a/168780959_169774.

3. 提供可再生的工业原料和能源

工业原料和能源是社会经济发展的基本要件。现存的和早期死亡的生物支撑着当今的工业,如石油、天然气和煤炭等化石能源就来自千万年前死亡的生物;天然纤维、橡胶等则来自当今现存的生物。生物质能是继石油、煤炭、天然气之后的第四大能源,也是国际公认的零碳可再生能源,具有绿色、低碳、清洁、可再生等特点。

专栏 3-5　碳中和背景下的生物质能源

"双碳"目标的提出,加快推进了国内产业结构升级调整和能源绿色低碳清洁高效的转型发展,其中光伏发电、风电、水电发展迅速,核电也在国家顶层设计的指导下,有了更为明确的发展路线。但大家不要忽略了还有一种可再生能源,也正为城乡"碳中和"的实现发光发热,它就是国际公认的零碳能源——生物质能。

生物质是指通过光合作用而形成的各种有机体,包括所有的动植物和微生物,存在于我们的日常生活中。而生物质能则是指太阳能通过光合作用贮存二氧化碳,转化为生物质中的化学能,即以生物质为载体的能量。

它直接或间接地来源于绿色植物的光合作用,可转化为常规的固态、液态和气态燃料,是一种可再生能源,也是唯一的一种可再生碳源。据计算,生物质储存的能量比目前世界能源消费总量大 2 倍,若再结合

BECCS(生物能源与碳捕获和储存)技术,生物质能将创造负碳排放。

生物质能来源广泛,农业废弃物、木材和森林废弃物、城市有机垃圾、藻类生物质、废弃油脂以及能源作物等都可以用于生产生物质能,主要以发电、供热、供气等方式应用于工业、农业、交通和生活等多个领域,是其他可再生能源无法替代的。具体应用有生物质发电、供热,城市垃圾制造生物天然气、农村沼气、生物柴油和乙醇燃料等,这些是绿色交通和绿色城乡建设的重要支撑。

目前我国生物质资源量能源化利用量约 4.61 亿 t,实现碳减排量约为 2.18 亿 t。《2060 零碳生物质能发展潜力蓝皮书》预测,预计到2030 年,生物质能各类途径的利用将为全社会碳减排超过 9 亿 t,到2060 年,将实现碳减排超过 20 亿 t。

资料来源:碳减排潜力大"双碳"背景下生物质能发电行业前景可期[EB/OL].(2022-04-12)[2023-04-26]. https://baijiahao. baidu. com/s? id=1729832011131926421&wfr=spider&for=pc.

(二)生物多样性的间接价值

稳定生态环境、改善水资源,凸显了生物多样性保护的生态价值。生物多样性的存在不仅可以调节环境能量,还可以利用森林、湿地的生态系统调节气候,保持水土、防止土地沙化和减少地质灾害,维持生态系统在一定程度上的动态平衡。还可以帮助人类分解、消散有害物质、清除有害垃圾保持环境健康,保护人类健康。在现代化社会进程中,为了生产、生活的需要污染排放导致河流湖泊的生物减少,野生植物无法存活。只有加强生物多样性保护,控制污染的源头,恢复水资源的生态系统,才能为我们生产、生活、科研、娱乐奠定良好的基础,维护生态系统的平衡与安全。

三、生物资源的挑战和威胁

随着全球城市化进程的加速,以经济建设为主要内容的城市建设时常忽视对生态环境的保护,动植物的生存因人类的破坏活动遭受着巨大的威胁,全球生物资源和生物多样性保护正面临前所未有的挑战。

(一)生物生境的退化导致生物多样性减少

原始森林因长期遭受到乱砍滥伐、毁林拓荒等破坏性的人为活动,导致面积迅速缩小。而草原也因为遭到人们的过度放牧、毁草拓荒等破坏性行为,其退化面积也逐渐增大。生态系统的结构和功能遭受到大范围的破坏和退化,许多物种由此变为濒危物种。

联合国生物多样性和生态系统服务政府间科学政策平台发布的《生物多样性和生态系统服务全球评估报告》显示,全球物种种群正在以人类历史上前所未有的速度衰退,物种灭绝的速度也正在加速,近百万种物种可能在几十年内灭绝。根据《中国生物多样性红色名录》名单,我国有 3767 种高等植物受到威胁,除去海洋鱼类的 4357 种脊椎动物,有 932 种高等动物受到了威胁。并且两栖类动物的受威胁程度高达 43.1%,裸子植物的受威胁程度更是高达 51%,远高于全球平均水平。

（二）外来物种入侵风险依存

外来物种入侵也是生物入侵,它是指非原生地区通过人为的引进或者干预后通过自然环境建立种群,形成与原生地区相排斥的、威胁原生地区生物多样性的现象。外来物种的入侵会破坏原生地的生物多样性,通过一定时间的生长和蔓延破坏本地的生态系统,威胁人们的生活健康,从而造成人们经济利益上的损失。近年来,外来物种入侵的问题对我国生物多样性保护带来了巨大挑战。

专栏 3-6　外来物种入侵

中国是世界上受外来入侵物种影响最严重的国家之一,2021 年 5 月,生态环境部发布的《中国生态环境状况公报 2020》指出,中国有 660 多种外来入侵物种,其中 71 种已经对入侵地区的自然生态环境造成了重大破坏,被列入《中国外来入侵物种名录》。

人们普遍认为,外来入侵植物的入侵最主要是通过以下途径实现的。一是基于农林业生产、城市环境建设、生态环境保护、观赏景观建设等目的而引进的新物种,引进之后没有有效管控,最后导致这些引进外来物种逸生并最终泛滥致灾;二是随着经济贸易交流体系的发达、物流运输体系的完善、人员流动量的增加等人为和经济活动而无意携带并传入;三是除了以上 2 种因素之外的其他方式,包括通过风、水、动物等其他途径传播植物种子或根茎等。

近年来,中国许多地方都有加拿大一枝黄花的报道。加拿大一枝黄花对中国的环境适应性较好,主要出现在荒地路边、疏林果园、绿化地等自然环境。加拿大一枝黄花有很强的无性和有性繁殖能力,具有种子发芽率高、地下根茎极易发芽再生、幼苗非常容易成活生长等多种繁殖特性,使其在某些地区迅速传播生长,影响侵入地的农业生产和土著物种的恢复和修复。目前它在全国多个省份均有分布,包括浙江、江苏、安徽、江西、湖北、四川、云南、广西、贵州、河南、河北、陕西、辽宁、新疆和台湾。

加拿大一枝黄花对入侵地的生态环境、社会经济和居民健康构成威胁，主要表现在以下三个方面。

首先，加拿大一枝黄花对入侵地生态环境的破坏。在没有入侵物种的本地社区，本地物种之间的相互作用对于维持群落遗传多样性、群落物种稳定性及食物链健康发展至关重要。一旦入侵植物出现，入侵物种可以与本地物种交换基因，造成本地物种遗传性状的侵蚀，最终导致本地物种的消失或其生存环境的破坏。

其次，加拿大一枝黄花还造成严重的经济损失。研究表明，每年美国因外来生物入侵造成的经济损失大约为 370 亿美元，在印度造成的损失为 1300 亿美元，而南非为 800 亿美元。随着世界经济全球化，各国经济贸易更频繁、交往更密切，国际贸易在各国经济中的地位愈发重要，加之人们对有害生物入侵危害的深入了解，进出口之间的贸易摩擦便有可能进一步加剧，所以加强植物进出境检查和限制极为重要。

再次，加拿大一枝黄花影响人类健康。豚草是对人类健康造成影响比较严重的入侵杂草的代表，豚草所产生的花粉很容易引起"枯草热"。万方浩等发现，在同时期内，豚草的花粉总量，超过除禾本科杂草之外的所有植物种类的花粉数，中国每年有超过 100 万人感染枯草热，美国每年有 1460 万人患病。凤眼莲大量存在时会给蚊蝇等害虫提供舒适的生存环境，对人类健康产生不良影响。加拿大一枝黄花、紫茎泽兰等入侵植物的花粉会导致过敏者产生各种过敏症状，严重时甚至导致死亡。

资料来源：杨韶松，郑凤萍，申时才，等.加拿大一枝黄花在云南省的入侵现状及防控策略[J].中国农学通报，2022，38(35)：83-89.

四、古代文明的衰落与生态危机

俗话说"生态兴则文明兴，生态衰则文明衰"，人类社会与自然界紧密相连。人类历史上所有的古代文明都诞生在水源充足、田地肥沃、生态良好的地区。正是因为先有"生态兴"，人类得以创造辉煌的历史和精彩的文明，即"文明兴"。而自然生态的迅速恶化，即"生态衰"，导致了"文明衰"。楼兰王国的消失，古代巴比伦地区的衰落，以及现代的"榆林城三迁"，都是"生态衰"导致"文明衰"的例子。

专栏 3-7　生态危机下的楼兰古国

楼兰是西域的古国名,是中国西部的一个小古国,位于罗布泊的西部。根据《史记》的记载,楼兰西南通且末、精绝、拘弥、于阗,北通车师,西北通焉耆,东当白龙堆,通敦煌,是丝绸之路的主要节点。西汉时期,楼兰古国曾经兴盛一时,但它的衰落也极为迅速。究其原因,与生态环境的变化密不可分,使得楼兰古国成为人类历史上生态环境变化对人类生存影响的典型案例。

一、前期良好的生态环境为楼兰古国兴盛提供了重要条件

与其他许多古代国家一样,楼兰古国的繁荣与优良的生态环境密不可分。其一就是地形。楼兰古国位于今天的塔里木河和孔雀河的河口三角洲,那里的土地相对柔软,土壤相对肥沃。由于塔里木河、孔雀河和其他河流流经该地区,使得楼兰古城成为一个河网密布、水源丰富的绿洲洼地。其二就是气候。楼兰古国位于塔里木盆地,南部的青藏高原和昆仑山阻挡了来自印度洋的暖湿气流,而由于距离太远,太平洋的暖湿气流很难到达,使得楼兰古国处于西伯利亚高压的影响之下,导致该地区气候干旱,降水少。然而,在两汉时期,楼兰古国的气候经历了一个暖湿期。在这一时期,孔雀河三角洲的降水量明显增加,温暖的气候加速了周围山区冰雪的融化,为楼兰古国的迅速发展和繁荣提供了充足的水源。

二、生态环境的变化一定程度上导致楼兰古国的衰落

目前国内外对楼兰古国衰落的原因众说纷纭,但有一点是公认的,那就是生态环境的变化在楼兰古国衰落过程中起了重要作用。

1. 气候变化的影响

根据历史资料,从两汉后期到魏晋南北朝时期,由于一次干冷期,中国许多地方经历了长期的干旱和寒冷。楼兰位于温带沙漠气候区,日照时间长,温差大。因此相对于暖湿期,在干冷时期楼兰古国的年降水量急剧降低。且寒冷的气温也使楼兰古国周围山区的冰雪失去了融化所需的热量条件,导致融化周期延长。气候变化最直接的后果是水资源的丧失,而水资源是绿洲生存和发展的最重要的自然资源,水资源的缺乏导致楼兰古国因为水资源不足开始衰落。

2. 人为破坏生态环境

自从丝绸之路开通,楼兰成为丝绸之路上的重要交通枢纽后,楼兰

这块古老的土地的生产和生活方式发生了变化,对生态环境的破坏也越来越严重,特别是在两个方面。首先,楼兰成为主要交通枢纽后,流动人口急剧增加,繁荣的贸易吸引了越来越多的人到楼兰居住,常住人口增加。人口的急剧增长超过了楼兰绿洲的承载能力,更严重的是,人口数量的增加使得楼兰古国不得不扩大城市规模,大量绿洲被侵占,用作城市用地。其次,由于人口的增加,原有的畜牧业已经不能满足人们生存和人口增长的需要,所以楼兰人开始无限制地开垦农业用地,在此过程中土地沙化和盐碱化越来越严重。导致楼兰古国的生态环境变得越来越脆弱,加速其衰退。

资料来源:谢丽.绿洲农业开发与楼兰古国生态环境的变迁[J].中国农史,2001,(01):16-26.

第四节　生物资源保护

生物资源和自然环境是人类赖以生存和促进社会发展的最基础的物质条件。发展生物资源保护事业,对于维护生态平衡,保护生物多样性,具有十分重要的意义。目前,全球的自然生态环境形势不容乐观,这要求加快生物多样性保护的步伐刻不容缓。

一、生物资源保护方式——就地保护和迁地保护

就地保护是指在生物生存的地方中对濒危动植物进行保护,是生物多样性保护中最为有效的措施。就地保护将濒危物种及其生态环境保护起来,保护了濒危物种的种群和群落,维持保护区域内生态系统中的能量和物质的流动,确保受威胁物种的种群繁衍,使其在最适宜的环境下进行种群复壮。目前,自然保护区是生物多样性就地保护的最重要场所。自然保护区是对具有典型性的珍稀濒危野生动植物种的自然分布区域,进行强制保护起来,具有科学研究、宣传科普以及开发生态旅游的功能。

迁地保护和就地保护相辅相成,在物种保护工作中不可缺少。通过建立不同形式的保护措施,如动植物园、种子基因库、水族馆等,对那些自身适应能力低的古老孑遗物种、国家重点保护的极度濒危物种或具有重要经济价值的物种,采取迁地保护的方式辅以人工帮助进行种群复壮,从而有效保护生物多样性。迁地保护的主要环节包括引种、驯化、繁育和野化或物种再引入。迁地保护目的是

使濒危物种找到临时生活的空间,强化自然条件下生存的能力,最终回到生态系统中去。

二、生物资源保护举措——人与生物圈保护计划

（一）人与生物圈保护计划

联合国教科文组织于 1970 年实施了"人与生物圈"计划。在第一次"国际协调理事会"上（1971）首次提出了在地球上建立世界生物圈保护区网的决议。其目的在于促进人与环境之间协调关系,开展综合性的研究、监测及教育培训,加强各国自然保护区工作间的合作。经过五年时间的准备,在伍德瓦尔第世界生物地理区域划分理论（该理论将全世界陆地和淡水生物地区划分为 8 个生物地理界,227 个生物地理省,14 个生物群落类型,并进行了系统编号。我国在世界生物地理省分类中属于 2 个界的 18 个省,有 7 个生物群落类型）指导下,1976年第一批生物圈保护区被选定,至 1979 年 9 月,已建立了 162 个保护区,分布在 40 个国家中,占地面积达 100 万 km² 以上。1995 年 5 月,增加到 324 个,分布在 82 个国家中。到目前为止,已经有多个国家参加了该计划,保护区的数量还在不断增加。

我国于 1978 年经国务院批准,加入了"人与生物圈"计划,成立了国家委员会。截至 2021 年 2 月 1 日,我国成功申报了 34 个世界生物圈保护区,分别是长白山世界生物圈保护区（1979）、鼎湖山世界生物圈保护区（1979）、卧龙世界生物圈保护区（1979）、梵净山世界生物圈保护区（1986）、锡林郭勒世界生物圈保护区（1987）、武夷山世界生物圈保护区（1987）、博格达世界生物圈保护区（1990）、神农架世界生物圈保护区（1990）、盐城世界生物圈保护区（1992）、西双版纳世界生物圈保护区（1993）、茂兰世界生物圈保护区（1996）、天目山世界生物圈保护区（1996）、丰林世界生物圈保护区（1997）、九寨沟世界生物圈保护区（1997）、南麂列岛世界生物圈保护区（1998）、山口世界生物圈保护区（2000）、白水江世界生物圈保护区（2000）、高黎贡山世界生物圈保护区（2000）、黄龙世界生物圈保护区（2000）、宝天曼世界生物圈保护区（2001）、赛罕乌拉世界生物圈保护区（2001）、达赉湖世界生物圈保护区（2002）、五大连池世界生物圈保护区（2003）、亚丁世界生物圈保护区（2003）、佛坪世界生物圈保护区（2004）、珠穆朗玛世界生物圈保护区（2004）、车八岭世界生物圈保护区（2007）、兴凯湖世界生物圈保护区（2007）、猫儿山世界生物圈保护区（2011）、牛背梁世界生物圈保护区（2012）、井冈山世界生物圈保护区（2012）、蛇岛—老铁山世界生物圈保护区（2013）、汗马世界生物圈保护区（2015）、黄山世界生物圈保护区（2018）。这些成员分布于中国绝大多数省级行政区划,保护着中国相当大部分的生态和生物资源,风光秀丽,可持续发

展实践活跃,是落实"人与生物圈计划"和践行"生态文明""美丽中国"的典型代表和优良平台。

专栏 3-8 长白山国家级自然保护区简介

长白山保护区位于吉林省东南部,东南与朝鲜民主主义人民共和国相毗邻。它的总面积为 196,465hm²,森林覆盖率为 95.5%,属于温带大陆性山地气候,年均气温为 3～7℃,最低温度为－44℃。

长白山保护区成立于 1960 年 4 月,是中国建区最早的自然保护区之一;

1980 年 1 月,经联合国教科文组织批准加入世界人与生物圈保护区网络;

1986 年 7 月,晋升为国家级森林与野生动物类型自然保护区;

1992 年,被世界自然保护联盟(IUCN)评审确认具有国际意义的 A 级自然保护区;

2022 年 12 月,被世界自然保护联盟评审列入 IUCN 绿色名录。

长白山保护区内有世界上保存最完好、最具代表性的温带原始森林生态系统,是北半球同纬度地区生物多样性最丰富的地方之一,云集了北半球温带、寒温带、寒带、亚寒带和北极圈等多种气候类型和生物群落,是濒危动植物的重要栖息地,被誉为"物种基因库"和"生态博物馆"。

长白山保护区内有 1586 种野生动物,其中国家一级保护动物有紫貂、中华秋沙鸭、梅花鹿等 9 种,国家二级保护动物有猞猁、棕熊、马鹿等 48 种,分属于 52 目 260 科 1116 属。长白山保护区野生植物有 2639 种,其中国家一级保护植物有东北红豆杉,国家二级保护植物有长白松、朝鲜崖柏、水曲柳等 37 种,分属于 92 目 260 科 877 属。

长白山地质构造的特殊性和地理位置的特定性,使其呈现出明显的山地垂直分布带谱,在垂直高差 2000 多 m,水平距离 50km 的范围内,浓缩了从北半球温带到北极圈 2000km 的生态景观和植物类型。区内从海拔 720m 到 2700m 之间,依据海拔变化,依次形成针阔混交林带、暗针叶林带、岳桦林带和高山苔原带 4 个植物垂直分布带。数千物种在这里繁衍生息,是欧亚大陆从中温带到寒带主要植被类型的缩影,是世界上在最小范围内植物带垂直分布最明显、垂直分布类型最多、生物种类最丰富的特殊生态系统。

资料来源:长白山国家级自然保护区简介[EB/OL].(2021-08-31)[2023-04-26].http://bhzx.chang baishan.gov.cn/bhqgk/bhqjj/.

（二）生物圈保护区与自然保护区

与其他自然保护区相比较,生物圈保护区有着显著不同于其他保护区的鲜明特点:(1)有一个基本的规划。生物圈保护区网是由代表世界诸类主要生态系统的生物圈保护区所组成,是根据地球上存在着不同的生物地理区域理论而选定的。在全球 227 个生物地理省中,有计划地在每个省选出若干个保护区组成连成一体的保护区网。(2)有明确的标准。生物圈保护区主要是保存生态系统和物种的多样性。因此,它强调地区的代表性。每个生物圈保护区都是各个生物地理区域中具有代表性陆地和沿海的受保护地区,并得到国际上的公认。(3)有完整的利于发展的结构。每个生物圈保护区都要求大到足以成为一个有效的保护单位。在其中能正常开展研究工作,并具有作为生物圈保护区长期变化进行监测的价值。保护区要明确地划分出"核心区""缓冲区""实验区"。(4)有多种功能。每个生物圈保护区,除了严格进行保护以外,都要开展一些研究和监测工作,并在此基础上开展国际合作。同时还要以保护区为基础对科研人员进行培训,对广大公众进行环境教育。(5)有完整的立法。生物圈保护区既是国际的,又是国家的。其成败关键在于所在国家的重视程度。因此,它要求受到充分的、长期的法律保护。并在立法的基础上,结合实际制定各保护区的规章制度,保证它的健康发展。(6)强调人的作用,提倡公众参与管理。人是生物圈的重要组成部分,人的活动对生物圈保护区具有重要意义。生物圈保护区主张向人民开放,受人民管理,为人民所利用。它要求当地人民积极参与生物圈保护区的保护和管理工作,使保护工作受到全社会的承认,永远立于不败之地。(7)强调保护和发展的统一。生物圈保护区要求把保护和发展紧密地结合起来,在保护好的前提下,通过实验来解决发展中的实际问题。为经济和当地人民生活的发展做出贡献。(8)必须经过 MBA 国际协调理事会的批准。理事会根据各国的申请,经执行局讨论通过,并颁发证书后才为正式加入。各国加入生物圈保护区网的区域并不改变其所有权,也不影响参加国的主权,其国际性主要表现在人员和情报资料的交流上。

三、生物多样性与人类社会的关系

回顾漫长的人与自然演变进程,原始社会时期,人们对自然并没有足够的了解,对于自然的不完整认知使得人们敬畏自然,对其保有崇敬的心理,在这一阶段,人与自然处于一种原始的融洽稳定的关系。伴随着农业生产的不断发展,人们对于自然开始了一定限度内的开发利用,由于科技发展与认知水平的限制,这样的开发利用其实只是对自然的初步探索,是对自然的极小一部分的开发利用,对自然的影响可以说是微乎其微。伴随着工业时代的到来,人们对于生产生活的需求导致人们对自然开始了大幅度的探索与开采,人们开始尝试征服和改造自然,利用自然来完成人们自身发展的需求,在这样对自然的无限制征服过程之中,人与自然的本质关系发生转换,人们变成了自然的主人,以主人的姿态来对自然生态开始了无限制的索取,一定程度上加深了人类和自然之间的矛盾,为日后不断引发的环境问题埋下了伏笔。

专栏 3-9   第一自然、第二自然、第三自然马铃薯的生产

第一自然是原始自然,未被改造过的自然。由于野生马铃薯的块茎含有有毒生物碱,古代安第斯的农民驯化选择和重新种植生物碱含量低的品种。早在 13000 年前,人们就在安第斯山脉食用土豆。

第二自然是工业自然。工业自然中马铃薯生产:美国华盛顿州农场,面积 17.6 万亩,208 个喷灌圈,最多时工人约有 110 人。水肥管理:直径 2m 的管道从哥伦比亚河取水,分水管路通过地埋铺设直接引到喷灌圈供水处,液体肥料可通过喷灌圈直接配比进行喷淋。每株马铃薯可结 6 个左右的马铃薯,亩产在 5.5 到 8t。采用 3 行联合收割机,配用 16t 转运斗进行收割。

第三自然是虚拟自然。首先,运用基因改造和人工智能相关技术,改变作物形态和基因结构。2016 年转基因"超级土豆"在英国种植,德国研出一种只含支链淀粉的转基因土豆,能够为造纸业等相关产业节省生产成本,美国一种转基因土豆中天冬酰胺(丙烯酰胺的前体)含量较少,而另一种转基因土豆则含有乙肝病毒抗原,能够触发人体的免疫反应产生乙肝抗体抵抗乙肝病毒。美国是转基因技术采用最多的国家。这种食物虽然存在质量和产量改善,但是其中携带的毒性和抗药性会影响人类健康。其次,转基因作物因其生长优势,会对其他生物的生存造成威胁,影响生物多样性。此外,一些相关基因改造技术强大的国家会造成该食物种植的垄断,对其他国家农业产生冲击,从而带来经济风险。

资料来源:Paul Cloke, Philip Crang Mark Goodwin. Introducing Human Geographies[M]. London:Routledge. 3rd edition, 2014:152-158.

　　人们在与自然共处的过程之中,逐渐意识到人与自然之间一直构成这样相互依存、相互共生的关系,人与自然之间,绝非人类凌驾自然之上,而是作为平等的双方,位于天平两端的同等位置来进行制衡与发展,在这样一个天平之中,人与自然相互作用,人类依赖于自然,从自然界之中获得资源,改造自然、利用自然,通过自然界中所蕴藏的能源等来进行和维持人类的日常生产生活活动,而自然在给人类提供栖息地之外,通过人类对自然的改造得到进一步的发展完善,同时自然生态的稳定也需要靠人类的行为活动来维持和保护,从而达到更好的发展。

参考文献

[1] 陈集双,欧江涛.生物资源汇论[M].北京:科学出版社,2022.

[2] 长白山国家级自然保护区简介[EB/OL].(2021-08-31)[2023-04-26]. http://bhzx.changbaishan.gov.cn/bhqgk/bhqjj/.

[3] 环境保护部.生物遗传资源等级划分标准(HJ626—2011)[S].北京:中国环境科学出版社,2011.

[4] 碳减排潜力大"双碳"背景下生物质能发电行业前景可期[EB/OL](2022-04-12)[2023-04-26]. https://baijiahao.baidu.com/s? id=1729832011131926421&wfr=spider&for=pc.

[5] 木质纤维素生物质[EB/OL]. https://bccl.xmu.edu.cn/yjly1/mzxwsswz.htm,2023-04-26.

[6] 魏江春.菌物生物多样性与人类可持续发展[J].中国科学院院刊,2010,25(6):645-650.

[7] 吴丽霞.《吕氏春秋》可持续发展思想研究[D].北京:中国社会科学院研究生院,2001.

[8] 鲜为人知的青霉素发明背后离奇的故事[EB/OL].(2017-09-01)[2023-04-26]. https://www.sohu.com/a/168780959_169774.

[9] 肖如林,王新昇,高吉喜.生物多样性的价值及其与人类社会关系分析[J].环境影响评价,2022,44(03):1-4.

[10] 谢丽.绿洲农业开发与楼兰古国生态环境的变迁[J].中国农史,2001(01):16-26.

[11] 杨韶松,郑凤萍,申时才,等.加拿大一枝黄花在云南省的入侵现状及防控策略[J].中国农学通报,2022,38(35):83-89.

[12] 张雁云,张正旺,董路,丁平,等.中国鸟类红色名录评估[J].生物多样性,2016,24(05):568-579.

[13]赵熙熙.人体细菌是细胞数量的 10 倍？这或许要成为一个被遗忘的神话［EB/OL］.（2016-01-11）［2023-04-26］. https：//wap. sciencenet. cn/home. php？mod＝space&do＝blog&id＝949563.

[14] 中国绿色时报.生物多样性保护的中国林草贡献［EB/OL］.（2021-10-12）［2023-1-29］. https：//www. forestry. gov. cn/main/586/20211012/091900941337544. html.

[15] 中华人民共和国年鉴.自然资源［EB/OL］.（2021-04-09）［2023-1-29］. http：//www. gov. cn/guoqing/2005-09/13/content_2582636. htm.

[16] 周红冰,沈志忠.20 世纪前全球化进程中的农业因素——从地理大发现到工业革命［J］.中国农史,2018,37(03):60-74＋126.

第四章 水资源与人类生活

第一节 水资源概论

一、水资源的概念

水资源是指可利用或有可能被利用的水源,这个水源应具有足够的数量和合适的质量,并满足某一地方在一段时间内具体利用的需求。水资源的定义有广义和狭义之分。广义的水资源是指自然界一切形态的水,包括气态水、液态水和固态水。狭义的水资源是指可供人类直接利用,能不断更新的天然淡水,主要指陆地上的地表水和地下水。通常以淡水体的年补给量作为水资源的定量指标,如用河流、湖泊、冰川等地表水体逐年更新的动态水量表示地表水资源量,用地下饱和含水层逐年更新的动态水量表示地下水资源量。现行《中华人民共和国水法》规定水资源包括地表水和地下水。水资源具有补给的循环性、变化的复杂性,在时空分布上具有明显的非均衡性。

二、水资源的属性

(一)自然属性

1.有限性

地球表面约 3/4 的面积为海洋所覆盖,但人类可直接利用或有潜力开发的水资源却十分有限。其中陆地上的淡水资源储量占地球上水体总量的 2.53%,而固体冰川又占淡水资源总量的 68.69%,主要分布在南北两极。在液体形式的淡水水体中,深层地下水又占有很大比例,受技术条件的限制,对其开发利用较少。因此,目前可供人类利用的淡水资源很少,其储量约占全球总储水量的十万分之七。

2.非均衡性

首先,水资源空间分布不均衡。地球上有些地区水资源十分丰富,而有些地区则十分贫乏。据联合国教科文组织《世界水资源开发报告》,拉丁美洲是水资源最为丰富的地区,水资源约占全球总量的1/3,亚洲则次之,水资源约占全球总量的1/4。其次,水资源时间分布不均衡。受降水等各种自然因素影响,在一个地区,某个季节可能径流丰富,另一个季节则径流很少。以中国为例,中国夏季降水丰沛、径流多,冬季降水少、径流少,且越是干旱的地区变化越大,如华北地区的一些河流,丰、枯期的水量相差达十倍或数十倍。这种时空分布的不均匀性,使得旱涝灾害频繁发生。

3. 可再生性

水资源可以通过水圈进行自身循环,在循环过程中,水资源不断进行自身恢复和更新。水循环是指大自然的水通过蒸发、水汽输送、降水、下渗、地下径流等环节,在水圈、大气圈、岩石圈、生物圈中进行连续运动的过程。海洋和陆地之间的水交换是水循环的主线。在太阳能的作用下,海洋表面的水蒸发到大气中形成水汽,水汽随大气环流运动,一部分进入陆地上空,在一定条件下形成雨雪等降水;大气降水到达地面后转化为地下水、土壤水和地表径流,地下径流和地表径流最终又回到海洋,由此形成淡水动态循环。水循环使水资源具有可再生性,从而不断自我更新。但是,水资源在一定时间内所更新的数量是有限的。

4. 应用广泛性

首先,水作为生命之液哺育着人类和天地间万千生物。地球上的一切动物、植物都离不开水。其次,水资源具有生活资料和生产资料的双重属性,在生产、生活中具有广泛的应用,如日常生活、农业灌溉、工业生产、水路运输、水产养殖等都需要水。从利用方式角度可将水资源分为耗用水体和借用水体两种类型。生活用水、农业灌溉、工业生产用水等都属于消耗性用水,其中一部分回归到水体中,但总量已减少,而且水质也发生了变化;另一种使用形式为非消耗性的,例如养鱼、航运、水力发电等,水资源这种综合效益是其他任何自然资源无法替代的。

(二)社会经济属性

水资源是人类社会生存和发展的物质基础,是涉及人口、经济、社会与环境的复杂巨系统。随着人口的增长和经济的发展,在一定时期内,经济社会各部门对水的需求量将会持续增加,人均水资源占有量将会不断下降;水污染又使实际可利用水量进一步减少,加之新的水源工程开发难度越来越大,因而水源短缺的危机日益加剧。因此,水资源已经成为许多地区经济发展的瓶颈,这表明了水资源已转变为经济资源,具有资产的某些特征。

(三)经济特性

主要体现在水资源的系统性、竞争性和相关水产业。

1．系统性

水资源用途特性不仅涉及经济学的供给与需求、市场与政府的关系,还涉及资源环境经济学、可持续发展经济学等一系列前沿学科。水资源的系统性是水经济理论与实践复杂性的决定性因素。

2．竞争性

水资源竞争性既表现在同类产品对水资源的竞争性使用,也表现在不同水资源用途之间的相互竞争。水资源的竞争性决定了对其进行产权理论与实践研究的必要性。

3．相关水产业

水产业是水经济的主体。根据水资源的属性,可分为以下几种。(1)根据水的自然资源属性,衍生出水利工程、自来水、节水产品和技术以及其他水产品等水产业。(2)根据水的资产属性,衍生出水电工程、水产养殖、水运交通、水上休闲、水权交易等水产业。(3)根据水的环境资源属性,衍生出水生态旅游、水景房、水环境监测、水污水处理、水生态修复等水产业。(4)根据水的生态资源属性,衍生出堤岸绿化、河道护坡、植被恢复、湿地公园打造、地下水保护等水产业。

专栏 4-1　传统水经济与现代水经济区别

传统水经济,是以水的自然资源属性和资产属性为中心建立的经济系统。集中表现为伴水而居,依水发展运输需求大的重工业产业,如石油和天然气工业等。其特点主要包括:①强调水的经济价值,忽视其生态环境价值;②强调水的直接效益和费用,忽视其间接效益和费用;③强调如何利用水,忽视如何有效开发和节约水;④强调占用水资源,忽视其保值增值的能力;⑤强调水的自然资源产权,忽视其环境资源产权;⑥强调水产品价值,忽视水资源价值;⑦强调政府在水资源配置中的作用,忽视市场自我调节的作用。

现代水经济,即围绕水的属性体系建立的可持续发展的经济系统。它主要强调发展旅游产业、水文化、水环保等亲水产业。其特点主要包括:①经济、环境、生态价值并重,保证可持续发展;②直接与间接兼顾,效益与费用并重,保证全面协调;③开发、节约与利用并重,科学使用水资源;④自然资源和环境资源产权并重,充分发挥水的系统属性作用;⑤在水资源配置中政府和市场的作用并重,做到平衡统一;⑥形成生产生活中使用自然资源、环境资源以及生态资源的优化配置机制;⑦形成水资源价值评价体系;⑧充分发挥水资产的保值增值能力,形成良性循环机制;⑨建立水资源价值核算体系。

资料来源:申振东,张扬.水经济的探索与浅析[J].陕西水利,2021(9):203.

三、水资源含义的扩展

随着水资源短缺程度的加剧,水资源开发利用技术的发展和认识的不断提高,水资源范畴进一步扩展,如"洪水资源化""污水资源化""咸水和海水的利用和淡化""农业中的土壤水利用""人工增雨(雪)"以及"雨水集蓄利用"等。

(一)洪水资源化

在不造成灾害的情况下,尽量利用水库、拦河闸坝、自然洼地、人工湖泊、地下水库等蓄水工程拦蓄洪水,以及延长洪水在河道、蓄滞洪区等的滞留时间,恢复河流及湖泊、洼地的生态环境,以及最大可能补充地下水。

专栏 4-2　洪水资源化利用,塔河流域洪水远去,"福"留南疆

在长达 80 天的汛期中,塔河干支流沿线未发生较大险情灾情,各水库、水闸、堤防等水工程运行正常。是洪水不大吗?事实恰恰相反。

2022 年 5 月以来,受高温融雪及降雨影响,塔河流域暴雨洪水、融雪洪水、冰川溃决洪水相继发生且一度并发叠加,塔河干支流 25 条河流陆续发生超警戒流量以上洪水,洪水总量和最大洪峰流量均为近 60 年之最。

但塔河沿线城镇乡村安宁如初,沿线居民生产生活一切正常,很多人甚至不知道洪水已经过家园。

如此大的洪水为何没造成明显危害?

塔里木河流域管理局初步统计显示,截至目前,塔河沿线各地累计投入巡查抢险人员 45.05 万人次、机械设备 3.27 万台次、土石方 250 余万 m^3,加固险工险段 625 处。

但这仅仅是防洪。事实上今年的洪水成了"香饽饽",而不再是人们谈之色变的"洪魔"。

当地政府确定了"防住洪水,用好洪水"的策略:汛期来临,通过分洪、引水等措施,将洪水用于农业灌溉、胡杨林及人工林生态补水和向孔雀河调水等,实现增量洪水资源 31.93 亿 m^3,洪水资源化利用率达 80%。

一改往年主流直奔下游的景象,塔河干支流洪水通过闸门向河道两边扩展,漫进胡杨林,流入农田果园,亦通过河道联通工程进入来水量偏少的孔雀河。

新疆塔里木胡杨国家级自然保护区,许多以前无法灌溉的区域,胡杨都喝足了水——洪水从 28 个生态闸进入,再通过人工疏浚的输水通道流到林区深处。

库车市塔里木乡的棉花即将丰收。"每年都为浇不够水发愁,今年整个需水期,水量始终有充分保证",当地种棉大户说。

今年的洪水正在远去,但它滋养的成果已留在南疆大地。千万亩棉田白浪翻滚,累累林果摇曳枝头;"畅饮"后的天然胡杨林绵延数千公里;塔河流域水库已蓄水 36.19 亿 m³,比去年同期多蓄 12.73 亿 m³,确保了今年冬灌和明年春灌用水储备的充足。

资料来源:80%洪水得到资源化利用塔河流域洪水远去,"福"留南疆[EB/OL]. (2022-09-25)[2023-02-28]. http://www.btzx.com.cn/web/2022/9/25/ARTI16640708 79665576.html.

（二）污水资源化

污水资源化又称废水回收(waste water recovery),是把工业、农业和生活废水引到预定的净化系统中,采用物理的、化学的或生物的方法进行处理,使其达到可以重新利用标准的整个过程。这是提高水资源利用率的一项重要措施,如污水沼气,污水处理厂将污水沼气转化为能量。

（三）虚拟水、蓝水、绿水

虚拟水(virtual water)。英国学者约翰·安东尼·艾伦 1993 年提出"虚拟水"概念,以计算食品和消费品在生产和销售过程中的用水量。这一概念认为,人们不仅在饮用和淋浴时需要消耗水,在消费其他产品时也会消耗大量的水。例如,一杯咖啡在种植、生产、包装和运输的过程中需要消耗 140L 水,这相当于一个英国人平均每天的饮用和家庭生活用水量;一个汉堡包则需要消耗约2400L 水。为此,约翰·安东尼·艾伦获得 2008 年斯德哥尔摩水奖。

蓝水(blue water)和绿色(green water)。1995 年,绿水和蓝水的概念开始出现。瑞典专家提出"绿水"概念,所谓"绿水",主要是指植物根部的土壤存储的雨水。从水循环角度分析,全球总降水的 65% 通过森林、草地、湿地和雨养农业的蒸散返回大气,称为绿水(绿水流);仅有 35% 的降水储存于河流、湖泊以及含水层中,称为蓝水。蓝水使用后分为两部分:一部分使用后消耗成为水蒸气进入大气,不再适合人类使用;另一部分回流进入生态系统,但经常会携带大量的污染物。绿水最初被定义为蒸散流,是流向大气圈的水汽流,后来被定义为具体的水资源,即绿水是源于降水、存储于土壤并通过植被蒸发消耗掉的水资源,尤其在雨养农业区是重要的水资源。

简单地说:"绿水"是指不可见的水,"蓝水"是指看得见的水。在某一流域中,"绿水"(气态水)的循环供给陆生生态系统,"蓝水"(液态水)的循环供给水生生态系统和人类的用水需求。"绿水"的循环反映了自然界"土壤—植物"生态系统的用水消耗。"蓝水"在地表和地下流动,从山顶到山脚,从陆地到海洋。

第二节　水循环与空间分布

一、水循环

(一)水圈

水圈(hydrosphere),地质学专业术语,是指由地球表面上下液态、气态和固态的水形成一个几乎连续的、但不规则的圈层。

水圈中的水,上界可达大气对流层顶部,下界至深层地下水的下限,包括大气中的水汽、地表水、土壤水、地下水和生物体内的水。水圈中大部分水以液态形式储存于海洋、河流、湖泊、水库、沼泽及土壤中;部分水以固态形式存在于极地的广大冰原、冰川、积雪和冻土中;水汽主要存在于大气中,三者常通过热量交换而部分相互转化。

(二)水循环

水在地球上的状态包括固态、液态和气态。水循环是指地球上各种形态的水,在太阳辐射、地球引力等的作用下,通过水的蒸发、水汽输送、凝结降落、下渗和径流等环节,不断发生的周而复始的运动过程(水相不断转变的过程)。如地面的水分被蒸发成为空气中的水蒸气;地表水由一个地方移动到另一个地方,如水由河川流动至海洋。

(三)水量平衡

水量平衡表示在给定任意尺度的时域空间中,水的运动(包括相变)有连续性,在数量上保持着收支平衡。平衡的基本原理是质量守恒定律。水量平衡是水文现象和水文过程分析研究的基础,也是水资源数量和质量计算及评价的依据。

二、中国水储量分布

据 2021 年《中国水资源公报》,2021 年全国水资源总量 29638.2 亿 m³,比多年平均值偏多 7.3%。其中,地表水资源量 28310.5 亿 m³,地下水资源量 8195.7 亿 m³,地下水与地表水资源不重复量为 1327.7 亿 m³。

我国水资源分布特点:年内分布集中,年间变化大;黄河、淮河、海河、辽河四流域水资源量小,长江、珠江、松花江流域水量大;西北内陆干旱区水量缺少,西南地区水量丰富。

水资源总数多,人均占有量少。中国水资源总量居世界第四位,人均占有量仅为世界平均值的 1/4,约为日本的 1/2,美国 1/4,俄罗斯的 1/12。

第三节　水资源的开发与利用

一、水资源供给与需求

水是生命之源,没有了水,我们的生命也就不能存在。择水而居已经成为自古以来人类居住的首要选择。择水而居是说人们在选择居住地点和环境的时候,会优先考虑水源、水草比较充足的地方。水是人们生活的必需品,水草则是游牧民族喂养畜牧的根本。水,不仅孕育了生命,亦表达的是一种对人生的态度。孔子曾曰:"智者乐水,仁者乐山。"老子曾曰:"上善若水,水善利万物而不争。"水在古人心中,是一种高境界的品性,无论是智者的灵动,还是泽被万物的无私,人们总是对水满怀亲近而又崇敬的特殊情感。

（一）供水量

2021 年,全国供水总量为 5920.2 亿 m³,占当年水资源总量的 20.0%。其中,地表水源供水量为 4928.1 亿 m³,占供水总量的 83.2%;地下水源供水量为 853.8 亿 m³,占供水总量的 14.5%;其他水源供水量为 138.3 亿 m³,占供水总量的 2.3%。与 2020 年相比,供水总量增加 107.3 亿 m³,其中,地表水源供水量增加 135.8 亿 m³,地下水源供水量减少 38.7 亿 m³,其他水源供水量增加 10.2 亿 m³。地表水源供水量中,蓄水工程供水量占 31.8%,引水工程供水量占 29.4%,提水工程供水量占 34.4%,水资源一级区间调水量占 4.4%。全国跨水资源一级区调水主要是在黄河下游向其左、右两侧的海河区和淮河区调水,以及长江中下游向海河区、淮河区和黄河区的调水。

（二）用水量

2021 年,全国用水总量为 5920.2 亿 m³。其中,生活用水为 909.4 亿 m³,占用水总量的 15.4%;工业用水为 1049.6 亿 m³(其中火核电直流冷却水 507.4 亿 m³),占用水总量的 17.7%;农业用水为 3644.3 亿 m³,占用水总量的 61.5%;人工生态环境补水为 316.9 亿 m³,占用水总量的 5.4%。与 2020 年相比,用水总量增加 107.3 亿 m³,其中,生活用水增加 46.3 亿 m³,农业用水增加 31.9 亿 m³,工业用水增加 19.2 亿 m³,人工生态环境补水增加 9.9 亿 m³。2021 年省级行政区用水量见表 4-1。

表 4-1　2021 年省级行政区供水量和用水量　　　单位:亿 m³

省级行政区	供水量				用水量				
	地表水	地下水	其他(非常规水源)	供水总量	生活	工业	农业	人工生态环境补水	用水总量
全国	4928.1	853.8	138.3	5920.2	909.4	1049.6	3644.3	316.9	5920.2
北京	21.6	13.6	5.5	40.8	19.4	2.9	2.8	15.7	40.8
天津	23.8	2.7	5.8	32.3	7	4.8	9.3	11.3	32.3
河北	96.2	73.2	12.5	181.9	27.8	17.7	97.1	39.3	181.9
山西	38.5	28.2	6	72.6	15.1	12.3	40.8	4.5	72.6
内蒙古	105.7	79	7	191.7	11.7	13.4	137.5	29.1	191.7
辽宁	76.7	46.5	5.8	129	26.6	16.5	77.2	8.7	129
吉林	74.3	33.8	2.1	110.2	13.1	9.2	79.9	8.1	110.2
黑龙江	200.2	122	2.2	324.5	15.9	17.8	289.2	1.6	324.5
上海	105.5	0	0.2	105.8	24.7	65	15.3	0.9	105.8
江苏	552.4	3.2	11.9	567.5	66.1	250.2	246.2	5.1	567.5
浙江	161.7	0.2	4.5	166.4	50.6	35.8	73.3	6.8	166.4
安徽	239.5	25.8	6.3	271.7	36.5	82.1	144.1	9	271.7
福建	175.3	3.3	4	182.6	32.4	35.4	99.8	14.9	182.6
江西	241.9	5	2.5	249.4	28.8	48.7	167.3	4.6	249.4
山东	128.9	66.8	14.4	210.1	40.3	32.6	115.8	21.4	210.1
河南	115.6	96.9	10.3	222.9	45.1	28	115	34.8	222.9
湖北	330.5	5.4	0.3	336.1	51.9	85.6	177.7	21	336.1
湖南	312.1	6.7	3.6	322.4	48.4	62.1	199.9	11.9	322.4

续表

省级行政区	供水量				用水量				
	地表水	地下水	其他(非常规水源)	供水总量	生活	工业	农业	人工生态环境补水	用水总量
广东	394	8.6	4.4	407	117.9	78.2	204.2	6.7	407
广西	258.2	7.1	3.2	268.5	36.1	36.5	189.6	6.3	268.5
海南	43.3	1.3	0.4	45	8.5	1.5	34	1	45
重庆	66.2	0.5	5.4	72.1	22.5	19.3	28.7	1.6	72.1
四川	236.4	6.5	1.4	244.3	57	21.8	158.6	6.9	244.3
贵州	100.6	2.1	1.4	104.1	20	20	62.1	2	104.1
云南	153.2	3.9	3.2	160.3	27.5	15.7	112.1	5	160.3
西藏	29	3.3	0.1	32.4	3.5	1.1	27.3	0.4	32.4
陕西	57.7	29.2	4.9	91.8	20.3	10.9	54.6	5.9	91.8
甘肃	83.9	23.5	2.7	110.1	9.7	6.5	82.6	11.3	110.1
青海	19.1	5	0.5	24.5	2.9	2.5	17.5	1.7	24.5
宁夏	61.9	5.2	1	68.1	3.7	4.2	56.9	3.3	68.1
新疆	424.1	145	4.8	573.9	18.7	11.2	527.9	16.2	573.9

1997 年以来全国用水总量总体呈缓慢上升趋势,2013 年后基本持平。其中生活用水呈持续增加态势,工业用水从总体增加转为逐渐趋稳,近年来略有下降;农业用水受当年降水和实际灌溉面积的影响上下波动。生活用水占用水总量的比例逐渐增加,农业用水和工业用水占用水总量的比例有所减少。

按居民生活用水、生产用水、人工生态环境补水划分,2021 年全国城乡居民生活用水占用水总量的 10.8%,生产用水占 83.8%,人工生态环境补水占 5.4%。在生产用水中,第一产业用水占用水总量的 61.5%,第二产业用水占 18.5%,第三产业用水占 3.8%。

(三)用水消耗量

用水消耗量指在输水、用水过程中,通过蒸腾蒸发、土壤吸收、产品吸附、居民和牲畜饮用等多种途径消耗掉,而不能回归到地表水体和地下含水层的水量。2021 年,全国耗水总量为 3164.7 亿 m³,耗水率(指用水消耗量占用水量的百分比)53.5%。其中,农业耗水量为 2347.3 亿 m³,占耗水总量的 74.2%,耗水率 64.4%;工业耗水量为 230.8 亿 m³,占耗水总量的 7.3%,耗水率 22.0%;生活耗水量为 358.5 亿 m³,占耗水总量的 11.3%,耗水率 39.4%;人工生态环境补水耗水量为 228.1 亿 m^3,占耗水总量的 7.2%,耗水率 72.0%。

（四）用水指标

2021 年,全国人均综合用水量为 419m^3,万元国内生产总值(当年价)用水量为 51.8m^3。耕地实际灌溉亩均用水量为 355m^3,农田灌溉水有效利用系数为 0.568,万元工业增加值(当年价)用水量为 28.2m^3,人均生活用水量(含公共用水)为 176 L/d,城乡居民人均用水量为 124 L/d。2021 年省级行政区用水指标见表 4-2。

表 4-2　2021 年省级行政区用水指标

省级行政区	人均综合用水量(m^3)	万元国内生产总值用水量(m^3)	耕地实际灌溉亩均用水量(m^3)	农田灌溉水有效利用系数	人均生活用水量(L/d)	万元工业增加值用水量(m^3)
全国	419	51.8	355	0.568	176	28.2
北京	186	10.1	120	0.751	243	5.2
天津	234	20.6	227	0.721	138	9.1
河北	244	45	165	0.676	102	12.5
山西	208	32.2	175	0.556	118	12.1
内蒙古	798	93.4	241	0.568	133	16.9
辽宁	304	46.8	376	0.592	172	17.7
吉林	458	83.3	300	0.603	149	23.9
黑龙江	1028	218.1	427	0.61	138	48.6
上海	425	24.5	493	0.739	271	60.5
江苏	668	48.8	395	0.618	213	56.1
浙江	256	22.6	325	0.606	213	13.3
安徽	445	63.2	233	0.558	164	62.7
福建	438	37.4	608	0.561	213	19.9
江西	552	84.2	611	0.52	174	45.2
山东	207	25.3	146	0.647	109	12
河南	225	37.9	148	0.62	125	14.9
湖北	579	67.2	354	0.533	245	54.5
湖南	486	70	468	0.547	200	43.9
广东	322	32.7	711	0.524	256	17.3

续表

省级行政区	人均综合用水量（m³）	万元国内生产总值用水量（m³）	耕地实际灌溉亩均用水量（m³）	农田灌溉水有效利用系数	人均生活用水量（L/d）	万元工业增加值用水量（m³）
广西	534	108.5	769	0.515	197	60.2
海南	464	69.5	881	0.574	229	22.4
重庆	225	25.9	316	0.507	192	24.5
四川	292	45.4	359	0.49	186	14.1
贵州	270	53.1	371	0.491	142	37.4
云南	341	59.1	345	0.502	160	23.9
西藏	887	155.6	517	0.454	265	59.3
陕西	232	30.8	256	0.582	141	9.7
甘肃	441	107.5	404	0.574	107	22.8
青海	414	73.3	447	0.503	133	26.2
宁夏	942	190.6	577	0.561	139	25.3
新疆	2219	359.1	545	0.575	198	23.9

根据《中国水资源公报》，1997 年以来用水效率明显提高，全国万元国内生产总值用水量和万元工业增加值用水量均呈显著下降趋势，耕地实际灌溉亩均用水量总体上呈缓慢下降趋势，人均综合用水量基本维持在 400～450m³ 之间。2021 年与 1997 年比较，耕地实际灌溉亩均用水量由 492m³ 下降到 355m³；万元国内生产总值用水量、万元工业增加值用水量 24 年间分别下降了 85.2％、88.0％（按可比价计算）。与 2020 年相比，万元国内生产总值用水量和万元工业增加值用水量分别下降 5.8％和 7.1％（按可比价计算）。

专栏 4-3 从"天落水"到"超滤水"的净化之旅
——"一滴水"的自述

"一滴水"，从天而降，经历漫长旅程，方可走进千家万户。3 月 22 日是第三十一届"世界水日"，这"一滴水"向你讲述它从"天落水"到"超滤水"的净化之旅——

盛水的"缸"越来越大

我是一滴雨水，体重约 0.05g，落入宁海白溪水库。我的"新家"，是宁波境内库容最大的水库,库容量 1.684 亿 m³。

在宁波,像白溪水库这样的"家"有 2000 多个。其中,大中小型水库 398 个、山塘 1863 个。

这个"家",流动性很大,常送走"老朋友",也常迎来"新朋友"。在等待从水库进入水厂的日子里,我最爱听"老朋友"口口相传讲历史故事:

1952 年,宁波动工建设第一座水库——象山东谷湖水库,库容 35 万 m³;1958 年,动工建设第一座大型水库——余姚四明湖水库,库容 1.23 亿 m³。此后 60 多年间,陆续建造了 32 个大中型水库,库容量跃升至 16.06 亿 m³,相当于 28 个东钱湖的水量。

水库是承载生命之源的"大水缸",润泽千家万户。进入 21 世纪,随着人口持续增长和经济飞速发展,水资源需求量也越来越大。基于此,必须把"缸"变得更大——

2020 年,宁波借邻居绍兴新昌的"地盘",历时十年共建钦寸水库,每年可境外引水 1.26 亿 m³;2022 年,奉化葛岙水库下闸蓄水,库容 4095 万 m³,将进一步缓解原水供应紧张局面;2022 年,宁海清溪水库开建,设计库容 8511 万 m³,计划 2026 年底竣工。

制水工艺全面优于国标

几天后,我和小伙伴经过大口径引输水管网进入水厂,尔后,便开始了混凝、沉淀、过滤、消毒等"千番洗礼"。进入水厂,我们需经过 6 道工序和 5 道常规指标检测,方可成为合格的自来水。

这段旅程,我惊闻宁波中心城区水库直供水比例已达 100%,了解了白溪、横山、横溪、皎口、三溪浦、周公宅、亭下、溪下、钦寸水库和江东、北仑、东钱湖、毛家坪、桃源水厂"联网联调"的创新之举。

这段旅程,我见识了宁波领先的制水工艺和水质检测能力,体验了首届一指的超滤膜处理技术。江东水厂率先启用浸没式超滤膜生产工艺,桃源水厂成为全国规模最大的浸没式超滤膜水厂……更加不可思议的是,超滤膜的膜丝孔径只有头发丝直径的万分之三,经其处理后,生物理化指标全面优于国标。这也使得很多长途列车的乘务员,经常喜欢到宁波加水。

此外,随着钦寸水库通水和桃源水厂投产,宁波多水库串联、多水厂联网、多水管联调"朋友圈"规模继续扩大,中心城区日制水供水能力也从 2005 年的 97 万 t 提升至如今的 200 万 t,相当于 200 万户家庭一天的用水量;每日有 70 万 t 自来水为"超滤水",占总量的 35%。

供水高速环网格局形成

过五关斩六将，我和小伙伴们被检测合格后出厂，在重力流的作用下，进入直径 2 米的城市大口径供水环网。

城市供水环网的建设历史可追溯至 2006 年。当时，宁波在国内率先提出建设城市供水环网，建成全长 48.2km 的城市"供水高速公路"。随着城市供水环网的不断延伸，供水面积也由 800km^2 扩展到 1642km^2，纵横宁波东南西北的管道宛如一条条城市大动脉，守护饮用水生命线。

为守护好供水"最后一米"，宁波还进行了"一户一表"和"二次供水"改造。2001 年启动多层住宅"一户一表"改造，2005 年已基本完成；2011 年启动中高层住宅"二次供水"改造，至目前由市水务环境集团统管的小区达 1249 个。

一路上，我们全力狂奔，从主管到支管，最终流入千家万户，从水库到水杯，成为百姓喝上的健康水、放心水。

资料来源：王博，从"天落水"到"超滤水"的净化之旅——"一滴水"的自述[N]．宁波日报，2023-3-23(A2)．

二、水资源开发利用工程

通过水工程和水管理对水资源进行控制和再分配，以满足人类生活、社会经济和环境对于水资源的需求。通过引水、提水工程的开发，实现水资源的多目标利用。

(一)引水工程：都江堰

都江堰，位于四川省成都市都江堰市城西，坐落在成都平原西部的岷江上，是由渠首枢纽(鱼嘴、飞沙堰、宝瓶口)、灌区各级引水渠道，各类工程建筑物和大中小型水库和塘堰等所构成的一个庞大的工程系统，渠首占地面积 200 余亩。它担负着四川盆地中西部地区 7 市(地)40 县(市、区)1130 万余亩农田的灌溉、成都市多家重点企业和城市生活供水，以及防洪、发电、漂水、水产、养殖、林果、旅游、环保等多项目标综合服务，是四川省国民经济与社会发展不可替代的水利基础设施。

秦昭王后期(约公元前 276—前 251)，蜀郡守李冰总结了前人治水的经验，组织岷江两岸人民，修建都江堰。唐代，修建了飞沙堰。新中国成立后，又修建了工业供水渠、外江闸、飞沙堰工业引水临时挡水闸。为有效管理维护都江堰的运行，设立了堰官、岁修制度。

都江堰是当今世界年代久远、唯一留存、以无坝引水为特征的宏大水利工程。它充分利用当地西北高、东南低的地理条件,根据江河出口处特殊的地形、水脉、水势,乘势利导,无坝引水,自流灌溉,使堤防、分水、泄洪、排沙、控流相互依存,共为体系,保证了防洪、灌溉、水运和社会用水综合效益的充分发挥。它最伟大之处是建堰2270多年来经久不衰,而且发挥着愈来愈大的效益。

（二）提水工程:新疆吐鲁番坎儿井

坎儿井,是吐鲁番绿洲特有的文化景观,至少已有2000多年历史,是古代吐鲁番劳动人民改造自然和利用自然的杰出成就。

坎儿井总长度约五千公里,几乎赶上了黄河、长江的长度。它是世界上最大的地下水利灌溉系统,被誉为地下万里长城,被称为中国古代三大工程之一。它是利用地面坡度,引用地下水的一种独具特色的地下水利工程,主要由竖井、暗渠、明渠、涝坝四部分组成。坎儿井所具有的自流灌溉功能,不仅克服了缺乏动力提水设备的问题,而且也节省了动力提水设备的投资。它优良的水质可供农田灌溉和人畜饮用。吐鲁番气温高,蒸发量大,而坎儿井的输水渠道深埋于地下,减少了水分的蒸发。

吐鲁番坎儿井最多时有1237条,年流量5.6亿 m^3,灌溉面积约35万亩。然而,从20世纪六七十年代起,由于人口增加、耕地面积扩大、机井大量使用等原因,吐鲁番盆地地下水水位不断下降,坎儿井出水量逐年减少,数量不断萎缩。2023年,吐鲁番水利局在2014年调查的有水坎儿井的基础上,开展了对坎儿井现状的调查。调查结果显示,吐鲁番市现有坎儿井1108条,其中有水的坎儿井为169条、可恢复的坎儿井21条、无水坎儿井918条,许多坎儿井面临着无水可用、干涸废弃的境地。

“保护坎儿井已经刻不容缓。”为更好地保护坎儿井,2003年新疆维吾尔自治区水利厅完成了对全疆坎儿井的系统普查,首次为每条坎儿井建立了翔实的“档案”;2005年,《新疆坎儿井保护利用规划报告》批复实施,9年内投资2.5亿元拯救坎儿井;2006年,坎儿井入选第六批全国文物保护名单,后被列入《中国世界文化遗产预备名单》项目;2006年12月1日,《新疆维吾尔自治区坎儿井保护条例》施行。2009年,吐鲁番市坎儿井保护与利用工程启动,至2023年,吐鲁番已成功实施7期保护工程,累计对77条坎儿井进行了维修加固。第8期坎儿井保护与利用工程正在筹备中,将对高昌区6条坎儿井进行修复保护。此外,第9期坎儿井保护与利用工程也已立项批复,计划对吐鲁番境内18条坎儿井进行维修加固。

（三）蓄水工程:长江三峡水利工程

三峡大坝,位于湖北省宜昌市夷陵区三斗坪镇三峡坝区三峡大坝旅游区内,地处长江干流西陵峡河段,三峡水库东端,控制流域面积约 100 万 km²,始建于 1994 年,集防洪、发电、航运、水资源利用等为一体,是三峡水电站的主体工程、三峡大坝旅游区的核心景观、当今世界上最大的水利枢纽建筑之一。

三峡大坝主要由挡水泄洪主坝体、发电建筑物、通航建筑物等建筑组成,坝体为混凝土重力坝,坝轴线长 2309.47m,全长 2335m;坝顶高程 185m,最大坝高 181m;正常蓄水位 175m,总库容 393 亿 m³,其中防洪库容 221.5 亿 m³;发电总装机容量 2250 万 kW,年发电量超 1000 亿 kWh。三峡大坝可以改善长江航运条件,使长江年单向通航能力由 1000 万 t 提高到 5000 万 t,运输成本降低 35% ～ 37%。

三峡大坝按千年一遇洪水流量 9.88 万 m³ 每秒设计,相应的挡水位为 175m;校核按万年一遇洪水加大 10% 洪水流量 12.43 万 m³ 每秒设计,相应的挡水位为 180.4m。泄洪坝段布置在河床中部,泄洪设施为深孔和表孔。泄洪坝段前缘总长 483m,分为 23 个坝段,每个坝段中部设宽 7m、高 9m 的泄洪深孔,进口底高程 90.0m;2 个坝段之间跨缝布置净宽 8m 的泄洪表孔,溢流堰顶高程 158m。为满足施工导流及截流要求,在表孔的正下方跨缝布置 22 个导流底孔,出口宽 6.0m、高 8.5m,中间的 16 个孔进口底高程为 56m,两侧各 3 个孔的进口底高程为 57m。

(四)跨流域调水工程:南水北调

"南水北调"即"南水北调工程",是我国的战略性工程,分东、中、西三条线路,东线工程起点位于江苏扬州江都水利枢纽。中线工程起点位于汉江中上游丹江口水库,受水区域为河南、河北、北京和天津。

工程方案构想始于 1952 年毛泽东主席视察黄河时提出。自此,在历经分析比较 50 多种方案后,调水方案获得一大批富有价值的成果。南水北调工程规划区涉及人口 4.38 亿人,调水规模 448 亿 m³。工程规划的东、中、西线干线总长度达 4350km。东、中线一期工程干线总长为 2899km,沿线六省市一级配套支渠约 2700km。

2012 年 9 月,南水北调中线工程丹江口库区移民搬迁全面完成。南水北调工程主要解决我国北方地区,尤其是黄淮海流域的水资源短缺问题。共有东线、中线和西线三条调水线路,通过三条调水线路与长江、黄河、淮河和海河四大江河的联系,构成以"四横三纵"为主体的总体布局,以利于实现中国水资源南北调配、东西互济的合理配置格局。

南水北调工程自 2014 年全面建成通水以来,南水已成为京津等 40 多座大中城市 280 多个县市区超过 1.4 亿人的主力水源。截至 2022 年 5 月 13 日,南水北调东线和中线工程累计调水量达到 531 亿 m³。其中,为沿线 50 多条河流实施生态补水 85 亿 m³,为受水区压减地下水超采量 50 多亿 m³。

第四节　人类活动对水资源的影响

我国水资源时空分布不均、禀赋条件与经济布局不匹配,随着社会经济高速增长,水资源开发利用程度日趋加大,各地将加大供水能力和调水作为生产发展、城市扩张的重要手段,加剧了区域、流域水资源开发过度趋势。水资源开发利用在满足"生命之源,生产之要"方面起到重要作用的同时,也引发了生态流量不足、水生态退化、水环境恶化等一系列生态环境问题。

一、水资源污染

（一）水污染内涵

1. 水污染

水污染是指水体因某种物质的介入,而导致其化学、物理、生物或者放射性等方面特性的改变,从而影响水的有效利用,危害人体健康或者破坏生态环境,造成水质恶化的现象。

2. 水污染的种类

水污染的来源有点源污染、面源污染和内源污染。点源污染指大、中企业和大、中居民点在小范围内的大量水污染的集中排放。面源污染指分散的小企业和分散的居民在大面积上的少量水污染的分散排放。内源污染又称二次污染,是指江河湖泊水体内部由于长期污染的积累产生的污染再排放。

3. 主要污染物的种类

水体污染物根据化学性质进行分类。这种分类体系下的主要类型有:沉积物、无机营养盐、致病微生物、有毒有机化合物、重金属和耗氧有机废物。

（二）人类活动对水资源的影响

1. 农业活动的影响

人类社会形成以后,早期人类利用自然并改造自然的活动就是农业活动,这也是人类再生产活动中区别于其他动物而走上智能层次的一大步。从零散的种植活动到形成规模连片的农田,其对环境的改变主要是把原生的林草植被变成季节性的农作物,以及局部改变地貌和地势以便于耕种。这种由来已久的农业活动对自然水资源有一定的影响,但随农业技术的发展和人口的增加而使这种影响不断加深,以及因农业目的而进行的灌溉、排水等,对局部的水文循环条件有所改变。但农业技术条件的演变缓慢,其对水资源的影响也是较小与缓慢的。而在农业活动对水资源影响缓变过程中,有时也会因社会政治、经济、技术的变更而出现突变。例如科学技术的进步而出现农业机械化后在耕作技术上的改变、农业政策的调整等,都在不同程度上强化了农业活动对水资源的影响。

此外,由于化肥和农药的大量使用,每年由陆地被暴雨径流带入河流等水体的沉积物中携带大量氮、磷、钾等化合物,使水体遭到污染,给湖泊、水库等造成高营养化,影响水产,并危及人体健康。我国生态环境部发布的《2022 中国生态环境状况公告》显示,开展营养状况监测的 204 个重要湖泊(水库)中,轻度富营养化状态湖泊(水库)占 24.0%,中度富营养化状态湖泊(水库)占 5.9%,主要污染指标为总磷、化学需氧量和高锰酸盐指数。总磷已经成为主要地表水体三大重污染指标之一。2023 年 7 月,荷兰乌得勒支大学研究人员领导的一项模拟研究发现,到 2100 年,地表水污染可能会影响到全球 55 亿人。

2. 工业化和城市化的影响

工业化和城市化对水资源的影响表现在:(1)多年《中国水资源公报》显示,城市生活用水比例不大(占总用水量 15% 左右),但其总量呈增长趋势,如生活用水从 2018 的 859.9 亿 m^3 上升至 2023 年的 909.8 亿 m^3。(2)一直以来,工业用水量比生活用水量大,但随着我国高质量发展战略的实施,工业用水量效率得到提高,按可比价计算,2019 年万元国内生产总值用水量和万元工业增加值用水量分别比 2018 年下降 5.7% 和 8.7%;2022 年与 2021 年相比,万元国内生产总值用水量和万元工业增加值用水量分别下降 1.6% 和 10.8%;工业用水量从 2018 年的 1261.6 亿 m^3,减少到 2023 年的 970.2 亿 m^3。(3)工业和城镇生活用水要求供水保证率较高,其中生活用水要求质量更高,因此对优质水优先使用,当水源不足,与其他用水户争取用水时也往往优先。(4)工业及城镇生活用水的废污水排放比例较高,排放点也相对集中,对地表和地下水体污染比较严重。

(三)水资源利用中出现的问题

国家对开发利用水利和水能资源十分重视,中国水利建设事业发展很快,投入也较多,取得的效益是显著的。但在巨大的成就面前,我们也要清醒地看到,中国水资源利用中依然存在诸多亟待解决的问题,其中比较突出的有水土流失、旱涝灾害、水质污染、供需矛盾和地下水问题等。地下水资源利用过程中出现的问题主要有:区域地下水位下降、地下水污染、海水入侵、地面沉降、地面裂缝和塌陷等。中国地下水水质下移主要表现为硬度和硝酸盐含量的增加,局部地区发现了严重的油污染,也存在痕量有机物的污染。

1. 水资源短缺

水资源面临的短缺,或是由于地理位置、海陆分布、气候等自然时空分布不均所致,或是由于不合理利用,抑或是水利设施不足所致,如 400mm 降水线的分布、湿润地区的缺水问题。

贵州属亚热带季风气候,雨水充沛,水资源总量在全国各省份中排名第六,人均水资源量远高于全国平均水平。但是,在贵州漫长的历史时期,人们吃水、用水却并不容易。贵州位于云贵高原东部,全省地貌分为高原、山地、丘陵、盆地四种类型,其中 92.5% 的面积为山地和丘陵,素有"八山一水一分田"之称。蒙山、大娄山、苗岭和武陵山,四条伟岸的山脉如巨龙迤逦环绕贵州,且山间河网密布,几乎山山有水。八大水系纵横交错,河流总长 11270km,其中长度在 50km以上的河流就达 93 条,乌江、赤水河、清水江、南盘江、北盘江等,从山地间流过,留下深谷急流,银瀑飞泻。但是,名山大川造就贵州壮美风光的同时,也让其必须面对丰水又缺水的窘境。

地处苗岭宽缓山脊、两江分水岭河源地带、岩溶发育山区,生态环境脆弱,贵州很多地方水资源时空分布不均,水源地山高谷深,可利用的水资源非常紧缺,干旱频繁。另外,贵州处于云贵高原东斜坡过渡带上,尽管降雨多,但山高坡陡、有水难存留。石漠化面积占全国石漠化总面积的近四分之一、形如一个巨大漏斗的贵州,天上下雨地下漏,往往是"水在山下流,人在山上愁"。

专栏 4-4　神奇的 400 毫米降水线

一边半湿润、一边半干旱;一边是森林、一边是草原;一边是农耕、一边是游牧;一边建围墙、一边任驰骋;一边人口密集、一边人烟稀少……在华夏大地上,400mm 等降水线横跨东北与西南,将两侧分成了截然不同的景象。

千百年来,降水线的相对稳定,使得两侧形成了特点鲜明的农耕民族与游牧民族,对华夏文明产生了深远影响。而不时的气候变迁则使得降水线两侧的文明不断碰撞、交融,在历史上留下了深深的印记。

在地图上,将同一时间内降水量相同的各点连接起来的线,就称之为等降水线。

为抵御游牧民族的侵扰,确立一种退可守、进可攻的态势,农耕民族历尽千辛万苦,修筑了万里长城,创造出世界文明史上的一大奇迹。

有趣的是,长城的线路走向,几乎与 400mm 等降水线重合。这恰恰说明,这条线是农耕文明的"生命线"。

由 400mm 等降水线划出的农耕文明"生命线"。农业是利用植物的自然再生产过程获得物质资料的生产门类,而植物的新陈代谢要求特定的日照、温度和水分。因此,农业更容易受到气候条件的制约,在生产水平低下的古代尤其如此。400mm 等降水线以东以南发育为农耕区,以西以北发育为畜牧区,其原因即出于此。

可见,年降水量 400mm 并不是一个枯燥的气象数据,它对于指导人们进行生产生活具有重要意义,可以说 400mm 等降水线画出了农耕文明的"生命线"。

千百年来,400mm 等降水线相对稳定,再加上日照时间、土壤等因素,其以东以南的人们逐渐形成了"日出而作、日落而息"的农耕社会,他们聚落而居,以安土乐天为最大的生活渴望。

其以西以北虽然有少量的内陆河与地下水灌溉的绿洲农业,但大部分地区降水量不足以支撑农耕作业,便形成了游牧民族,他们无城郭、耕地,逐水草而居,全民善骑战。

资料来源:崔国辉. 神奇的 400 毫米降水线[N]. 中国气象报,2018-3-16(4).

2. 水资源短缺,过度开采,地面沉降

地面沉降,俗称"地陷",在《地质灾害防治条例》中,被定义为"缓变性地质灾害",是指由于自然因素或人类工程活动引发的地下松散岩层固结压缩并导致一定区域范围内地面高程降低的地质现象,因其反应滞后、进程缓慢,以毫米为单位计算的沉降率,人们不易察觉,具有形成时间长、影响范围广、防治难度大、不易恢复等特点,会造成建筑物地基下沉、房屋开裂、地下管道破损、井管抬升、洪涝及风暴潮灾害加剧等问题。

我国地面沉降最早发生于 20 世纪 20 年代的上海和天津市区,到 20 世纪 70 年代,长江三角洲地区主要城市和平原区、天津市平原区、河北东部平原地区也相继发生地面沉降。20 世纪 80 年代以来,地面沉降由点及面,在区域上逐渐连片发展,范围更趋扩大。长江三角洲、华北平原和汾渭地区中的主要城市,是当前我国地面沉降三大区域。其他地区如安徽阜阳、松嫩平原、珠江三角洲、江汉平原等,也出现了地面沉降灾害。如长高长胖的城市在下沉、五个地面沉降区威胁首都安全、上海再下沉 2 米将陷入汪洋、象征西安古代文明的大雁塔几乎成为"比萨斜塔"和天津海河流水倒流等。中国地质调查局评估表明,近 40 年来,我国因地面沉降造成的经济损失超过 3000 亿元,其中上海地区最严重,直接经

济损失为 145 亿元,间接经济损失为 2754 亿元;华北平原地面沉降所造成的直接经济损失也达 404.42 亿元,间接经济损失 2923.86 亿元。

超采地下水是地面沉降的罪魁祸首。水利部公布的数据显示,在 20 世纪 70 年代,中国地下水的开采量为平均 570 亿 m^3/年,80 年代增长到年均 750 亿 m^3,而 2009 年已经增到 1098 亿 m^3/年。全国地下水超采区域 300 多个,面积达 19 万 km^2,严重超采面积达 7.2 万 km^2。华北平原之所以成为地面沉降的重灾区,也是由于多年的地下水超采。这一区域人均水资源量每年仅为 335m^3,不足全国平均水平的 1/6,且地表水分布不均,使得地下水成为大华北经济社会可持续发展的重要支柱,很多城市的地下水开采量已占总供水量的 70% 以上。据统计,全国已形成区域地下水降落漏斗 100 多个,面积达 15 万 km^2。华北平原深层地下水已形成了跨冀、京、津、鲁的区域地下水降落漏斗,形成了沧州、衡水等 13 个沉降中心,甚至有近 7 万 km^2 面积的地下水位低于海平面。据 2012 年 2 月 20 日获得国务院批复的《2011—2020 年全国地面沉降防治规划》权威发布,中国发生地面沉降灾害的城市超过 50 个,全国累计地面沉降量超过 200mm 的地区达到 7.9 万 km^2。

第五节　水资源保护与治理

一、水资源保护

（一）水资源保护的任务

水资源保护的任务是合理开发、利用和保护水资源,防治水害,充分发挥水资源的综合效益,保持良好的水环境,以适应日益增长的国民经济和人民生活的需要。水量与水质并重,资源与环境管理一体化。

（二）水资源保护的内容

一是保护水资源。全社会动员起来,改变传统的用水观念,呼吁节约用水,一水多用,充分循环利用水。二要树立惜水意识,建立起水资源危机意识,把节约水资源作为我们自觉的行为准则,采取多种形式进行水资源警示教育。三是必须合理开发水资源,避免水资源破坏。四是提高水资源利用率,减少水资源浪费。实现水资源重复利用。另外,利用经济杠杆调节水资源的有效利用。五是必须坚决执行水污染防治的监督管理制度,必须坚持"谁污染、谁治理"的原则,严格执行环保一票否决制度,促进企业污水治理工作开展,最终实现水资源综合利用。

二、水资源治理理论与实践

水是人类赖以生存和发展的、不可缺少、不可代替的特殊资源。没有水就没有生命，就没有文明的进步、经济的发展和社会的稳定。世界上的水资源是有限的，经济和社会的发展必须与水的供应相适应，不能无限制地采水用水，不能超越水资源的承载能力。当今世界，随着人口的不断增长和经济的不断发展，淡水资源的需求量不断增加；同时，由于不合理的利用与开发，本来短缺的淡水资源更加日益紧张。

（一）水资源治理理论基础

我国水资源时空分布极不均衡、旱涝灾害多发频发，是世界上水情最复杂、江河治理难度最大、治水任务最繁重的国家之一。习近平总书记强调，"坚持系统观念，从生态系统整体性出发，推进山水林田湖草沙一体化保护和修复，更加注重综合治理、系统治理、源头治理"①"保障水安全，关键要转变治水思路，按照'节水优先、空间均衡、系统治理、两手发力'的方针治水，统筹做好水灾害防治、水资源节约、水生态保护修复、水环境治理"②"要从生态系统整体性和流域系统性出发，追根溯源、系统治疗""上下游、干支流、左右岸统筹谋划，共同抓好大保护，协同推进大治理"③。

坚持和落实节水优先方针，强化水资源刚性约束，推动用水方式由粗放低效向集约节约转变。从严从细管好水资源，全方位贯彻"以水定城、以水定地、以水定人、以水定产"原则，全面实行最严格水资源管理制度，健全初始水权分配制度，推进跨省江河水量分配，加快地下水管控指标确定，严格水资源论证和取水许可管理，开展取用水管理专项整治行动，促进经济社会发展和水资源承载力相适应。

2021年，国家发改委、水利部等部门联合印发《"十四五"节水型社会建设规划》，提出要加强非常规水源配置，将再生水、海水及淡化海水、雨水、微咸水、矿井水等非常规水源纳入水资源统一配置，逐年扩大利用规模和比例。同年，国家

① 习近平主持中央政治局第二十九次集体学习并讲话[EB/OL].（2021-05-01）[2024-01-26].中华人民共和国中央人民政府网，https://www.gov.cn/xinwen/2021-05/01/content_5604364.htm? jump=false.

② 习近平.真抓实干主动作为形成合力 确保中央重大经济决策落地见效[EB/OL].（2015-02-10）[2024-01-26].中央政府门户网，https://www.gov.cn/xinwen/2015-02/10/content_2817442.htm.

③ 习近平主持召开全面推动长江经济带发展座谈会并发表重要讲话[EB/OL].（2020-11-15）[2024-01-26].中华人民共和国中央人民政府网，https://www.gov.cn/xinwen/2020-11/15/content_5561711.htm.

发改委等十部门印发《关于推进污水资源化利用的指导意见》,提出加快推动城镇生活污水资源化利用。

河湖治理管理不断加强,江河湖泊生态保护治理能力显著提升。坚持"绿水青山就是金山银山"理念,以更大力度、更快速度推进江河湖泊生态保护治理。加强河湖治理保护,全面建立河长制、湖长制体系,省市县乡村五级120万名河湖长上岗履职,重拳治理河湖乱象,依法管控河湖空间,严格保护水资源,加快修复水生态,大力治理水污染,解决了一大批长期积累的河湖突出问题。

(二)治理理论实践

1. 节约用水案例:节水型高校

合理节约用水,就是合理用水、高效用水。通过行政、技术、经济等管理手段加强用水管理,调整用水结构,改进用水方式,科学合理、有计划、有重点地用水,提高水的利用率,避免水资源的浪费,教育每个人都要在日常工作或生活中科学合理用水。

为推动高校科学合理用水,水利部2019年底制定了服务业用水定额[①],规定高等教育学校用水定额通用值,南方地区为年生均85m³,北方地区为50m³。大部分省份还应根据自身实际制定地方标准,比如,贵州省高等教育学校的用水定额通用值为年生均75m³。

2022年底,河北工程大学入选全国首批节水型高校典型案例。"安装节水龙头,每15s,流出的水量从2.4L降至0.6L;安装节水花洒,每15s,流出的水量从2.1L降至1.5L;安装节水马桶,每次冲水量从6L降至1.5L……"这是河北工程大学校园采取的节水改造举措。河北工程大学有关负责人介绍,通过改造老旧供水管网、更换节水终端等系列节水举措,该校年用水量从300万t下降到160万t,节水率达到了40%以上。

截至2021年年底,全国共建成节水型高校764所。2022年底,水利部办公厅、教育部办公厅、国家机关事务管理局办公室联合发布首批节水型高校典型案例,共有88个高校案例成功入选。

水利部全国节约用水办公室曾对全国2800余所高校2019年的用水情况进行摸排,高校用水人数约3501万人,年用水量约17.3亿 m³。水利部节约用水促进中心的一份报告指出,如果能严格实施用水定额管理,高校用水量能减少14%至21%,节约水量为2.2亿至3.6亿 m³。

---

① 全国节约用水办公室.水利部关于印发宾馆等三项服务业用水定额的通知[EB/OL].(2019-11-14)[2024-3-7]. http://ggjsb. mwr. gov. cn/zcfg/bzde/slbwj/201911/t20191114-1367583. html.

2. 系统治理：五水共治

2013年浙江省委十三届四次全会提出浙江省开始全面实施"五水共治"，"五水共治"是以治污水、防洪水、排涝水、保供水、抓节水为突破口倒逼转型升级，是推进浙江新一轮改革发展的关键之策。"五水共治"好比五个手指头，治污水是大拇指，防洪水、排涝水、保供水、抓节水分别是其他四指，分工有别、和而不同，捏起来就形成一个拳头。重拳出击，背水一战。

"治污水"，首先要重点突破。主要抓好清三河、两覆盖、两转型。"清三河"，就是治理黑河、臭河、垃圾河。大江大河的污水大多来自小河小溪，治大江大河之污必从治小河小溪之污抓起。黑河、臭河、垃圾河是工业污染、农业污染、生活污染的集中体现，也是群众反响强烈的问题，要通过整治基本达到水体不黑不臭、水面不油不污、水质无毒无害、水中能够游泳。

"两覆盖"，就是实现城镇截污纳管基本覆盖，农村污水处理、生活垃圾集中处理基本覆盖。"两转型"，就是抓工业转型，加快电镀、造纸、印染、制革、化工、蓄铅等高污染行业的淘汰落后和整治提升；抓农业转型，坚持生态化、集约化方向，推进种植养殖业的集聚化、规模化经营和污物排放的集中化、无害化处理，控制农业面源污染。

与此同时，其他"四水"要齐抓共治、协调并进。防洪水，重点推进强库、固堤、扩排等三类工程建设，强化流域统筹、疏堵并举，制服洪水之患。排涝水，重点强库堤、疏通道、攻强排，打通断头河，开辟新河道，着力消除易淹易涝片区。保供水，重点推进开源、引调、提升等三类工程建设，保障饮水之源，提升饮水质量。抓节水，重点要改装器具、减少漏损、再生利用和雨水收集利用示范，合理利用水资源。

"五水共治"以来，按照《浙江省乡村振兴战略规划（2018—2022年）》提出的美丽河湖建设总体格局的要求，制订《浙江省美丽河湖建设行动方案（2019—2022年）》，以实现全域美丽河湖为目标，全力实施"百江千河万溪水美"工程，到2022年，努力打造100条县域美丽母亲河、1000条（片）以上特色美丽河湖、10000条（片）以上乡村美丽河湖，以美丽河湖串联起美丽城镇、美丽乡村、美丽田园，基本形成全省"一村一溪一风景、一镇一河一风情、一城一江一风光"的全域大美河湖新格局。在共同富裕的目标下，全省在进行"五水共治＋共同富裕"的实践，如杭州市西湖区"写好生态水文章描绘水乡新蓝图——兰里水乡的'共富经'"、宁波奉化滕头村"治水促绿色发展，乡村让城市更向往"、永康市"以农业节水推动农业增产农民增收"等40个案例组成浙江省2022年"五水共治"助力共同富裕成果案例名单。

3. 绿水青山就是金山银山:水权交易

水权交易通过两阶段作用于水资源利用效率。其一,在分配过程中,水权交易又称为水权再配置,进行水权交易的前提是水权已经进行了合理的初次配置。进行水权交易的地区,必然已经完成了水权初始配置工作,明确了各用水主体的可用水量指标,进而约束各用水主体的用水行为,促使各用水主体提升水资源利用效率。其二,在交易过程中,水权交易使水权成为具有市场价值的流动性资源,利用市场机制促使用水效率低的地区或部门考虑用水的机会成本而节约用水,并将闲置水权转让给用水边际效益大的地区或部门,可以解决水权初始配置的静态性与社会经济发展动态性之间的矛盾,从而提高全社会水资源利用效率,并改善水资源的空间分布状况。

建立健全初始水权分配和交易制度。引导推进水权交易。制定出台推进用水权改革的指导意见,指导推动用水权交易市场发展。推进区域水权交易、取水权交易、灌溉用水户用水权交易。鼓励通过用水权回购、收储等方式促进水权交易。在条件具备的地区探索实行用水权有偿取得。研究完善交易制度和价格形成机制。建立健全统一的水权交易系统,统一交易规则、技术标准、数据规范,统一部署、分级使用。健全取用水监测计量设施,强化水权交易监管。2000 年东阳义乌水权交易是全国首例"跨城市水权交易"。20 年后,湖南长沙获得由中国水权交易所确认的全国首宗城市雨水水权交易鉴证书。

专栏 4-5　全国首例"跨城市水权交易",解决水资源短缺和发展的双赢

浙江省义乌市人均水资源量 1130m³,在由小城市迅猛发展到中等城市、并正朝着大城市发展的过程中,水资源十分紧缺。几年前,用"自行贷款、自行建设、自行收费、自行还贷、自行管理"政策引入市场机制建起了"八都"水库,一定程度上缓解了缺水矛盾,但水资源仍然是这座城市发展的瓶颈。东阳市与义乌市同饮东阳江之水,位居上游,水资源相对丰富,人均水资源 2126m³,1998 年,东阳市着手对两个灌区进行配套建设,包括"横锦"水库加固和灌溉渠系改造,投入资金 3880 多万元,项目完成后,可以新增供水能力 5300 万 m³。

为了解决水资源紧缺问题,义乌市经过多次论证,由于境内没有很合适的库址,提水灌溉也受到很多客观条件限制,从东阳引水是最佳方案。东阳人意识到,通过灌区改造节水,另外对梓溪流域开发,能过两级水力发电后,引水 5000 万 m³ 进"横锦"水库,新增 1.65 亿 m³ 水可

供利用。如果其中 1/3 转让,2/3 作为未来发展的储备,不仅不会影响全市的用水,还可以利用转让所得资金加快全市水利设施建设。但是,单纯依靠行政协调的手段,每次都是久议不决,前四轮谈判没有达到最终协议。在水利部发起的关于"水权、水价、水市场"的理论讨论后,供需双方受到启发,找到了解决义乌水资源紧缺问题的理论、方法和思想基础。在政府的指导下,利用市场机制进行运作,通过友好协商,最终形成共识。

2000 年 11 月 24 日,义乌和东阳两地政府本着资源共享、区域共建的理念,签订了有偿转让用水权的协议:义乌市政府斥资 2 亿元向东阳市购买横锦水库 5000 万 m^3 优质水资源的永久使用权。义乌市除了 2 亿元的买水钱外,还需 2.79 亿元的横锦水库引水工程概算投资,建成后每年还要付给东阳 500 万元的综合管理费。

该工程建成通水后,每年将有 5000 万 m^3 的横锦水流入义乌,可以基本满足义乌今后 10 年左右的用水需求,此举不仅有效解决了义乌城区的用水紧张问题,也为义乌中长期发展提供了强有力的水资源支撑。

此举经媒体报道后引起了全国的关注,成为国内首例跨城市水权交易。

资料来源:邱志荣.东阳义乌水权交易的剖析与水市场规范运作之思考[EB/OL].(2016-07-01)[2023-04-22].http://www.chinawater.com.cn/newscenter/slyw/201607/t20160701_443538.html.

4. 污水资源化利用实践

污水资源化利用是指污水经无害化处理达到特定水质标准,作为再生水替代常规水资源,用于工业生产、居民生活、生态补水、农业灌溉等,以及从污水中提取其他资源和能源。

专栏 4-6　广东省增城区邓山村污水资源化利用

针对再生水利用量不足城镇污水排放量的 15%。着力推进重点领域污水资源化利用变废为宝,开发"第二水资源"。2021 年 1 月国家发改委等 10 部门日前联合印发的《关于推进污水资源化利用的指导意见》(发改环资〔2021〕13 号)提出,到 2025 年,全国污水收集效能显著提升,县城及城市污水处理能力基本满足当地经济社会发展需要,水环境敏感地区污水处理基本实现提标升级；全国地级及以上缺水城市再生水利用率达到25％以上，京津冀地区达到35％以上。到2035年，形成系统、安全、环保、经济的污水资源化利用格局。

"污水作为第二水资源，具有水量稳定、水质可控、就近可用等优势。积极推进污水资源化利用，既可缓解水供需矛盾，又可减少水污染。"在开发第二水资源过程中，要瞄准城镇、工业和农业农村三个重点领域，实施六大重点工程。我国污水资源化利用的重点领域包括城镇生活污水、工业废水、农业农村污水等三方面。实施污水收集及资源化利用设施建设工程等六大重点工程。提出推进城镇污水管网全覆盖，重点推进城镇污水管网破损修复、老旧管网更新和混接错接改造。到2025年建成若干国家高新区工业废水近零排放科技创新试点工程。

广东省增城区邓山村农户居住分散，生活污水以分散处理方式为主。建设方面，户用生态庭院布水＋处理区为长6.2m、宽2.5m、深0.6m的长方形土坑，布水系统由4根直径32mm穿孔管组成，4根穿孔管将布水区平均分为3个部分，每部分宽度为700mm，穿孔管孔径为5mm。在穿孔管上添加粗细不同的填料，填料深约300mm，在填料上方覆盖约300mm的土壤，上方建造采用并种植蔬菜。在处理工艺方面，采用"化粪池—布水系统—土壤渗滤系统—自然土壤"工艺。化粪池预处理后的生活污水投配到具有特定结构及渗透性能的地下土壤中，污水通过毛细管浸润，利用土壤—植物—微生物净化系统，经过物理沉淀、截留、化学吸附和微生物降解等作用使污水得到净化。在运行维护方面，该系统运行维护较为简单，运行费用低，但需要考虑堵塞等问题。

资料来源：陆娅楠，着力推进重点领域污水资源化利用变废为宝，开发"第二水资源"[EB/OL].（2021-01-18）[2023-04-22]. http://www.gov.cn/zhengce8/2021-01/18/content_5580595.htm.

参考文献

[1] 陈家琦，王浩，杨小柳.水资源学[M].北京：科学出版社，2022.

[2] 崔国辉.神奇的400毫米降水线[EB/OL].（2018-03-16）[2023-04-22].
    https://www.cma.gov.cn/kppd/kppdrt/201803/t20180316_464226.
    html.

[3] Daniel D. Chiras John P. Peganold. 自然资源保护与生活[M]. 黄永梅，

段雷,等译.北京:电子工业出版社,2016.

[4] 黄民生,何岩,方如康.中国自然资源的开发、利用和保护(第二版)[M].北京:科学出版社,2011.

[5] 刘昌明,王红瑞.浅析水资源与人口、经济和社会环境的关系[J].自然资源学报,2003(5):635-644.

[6] 陆娅楠.着力推进重点领域污水资源化利用变废为宝,开发"第二水资源"[EB/OL]. (2021-01-18)[2023-04-22]. http://www. gov. cn/zhengce8/2021/01/18/content_5580595. htm.

[7] 马建华.高度重视湖泊、水库富营养化防治,持续推进蓝天、碧水、净土保卫战[EB/OL]. (2023-03-10)[2023-04-22]. http://www. cjw. gov. cn/hdpt/cjft/64840. html.

[8] 宁夏生态环境.推进污水资源化利用②:广东省增城市邓山村污水资源化利用[EB/OL]. (2023-01-06)[2023-04-22]. https://www. 163. com/dy/article/HQDPMF2L 0514NJ6N. html.

[9] 欧甸丘,骆飞,杨欣.高校节约用水潜力观察:一年可节约 20 万个"游泳池"[EB/OL]. (2023-03-28)[2023-04-22]. https://new. qq. com/rain/a/20230328A06RSL00.

[10] 彭小云,刘勇.全国首宗城市雨水水权交易鉴证书在长沙颁发[EB/OL]. (2021-01-12)[2023-04-22]. https://www. mnr. gov. cn/dt/ywbb/202101/t20210112_2597863. html.

[11] 邱志荣.东阳义乌水权交易的剖析与水市场规范运作之思考[EB/OL]. (2016-07-01)[2023-04-22]. http://www. chinawater. com. cn/newscenter/slyw/201607/t20160701_443538. html.

[12] 申振东,张扬.水经济的探索与浅析[J].陕西水利,2021(9):203.

[13] 水利部.关于建立健全节水制度政策的指导意见[EB/OL]. (2021-12-14)[2023-04-22]. http://www. mwr. gov. cn/zwgk/gknr/202201/t20220111_1559089. html.

[14] 田贵良,盛雨,卢曦.水权交易市场运行对试点地区水资源利用效率影响研究[J].中国人口·资源与环境,2020,30(6):146-155.

[15] 吴凤平,李滢.基于买卖双方影子价格的水权交易基础定价模型研究[J].软科学,2019,33(08):85-89.

[16] 吴凤平,邱泽硕,等.中国水权交易政策对提高水资源利用效率的地区差异性评估[J].经济与管理评论,2022,38(1):23-32.

[17] 吴丽华.水资源大省缺水?他们用"黄金十年",破解千百年困局[EB/

OL].（2022-10-08）［2023-4-22］. https：//baijiahao. baidu. com/s？ id＝1746082672317983239＆wfr＝spider＆for＝pc.

［18］张金平. 地面沉降：城市之痛［EB/OL］.（2014-05-12）［2023-04-22］. https：//www. cma. gov. cn/2011xzt/2014zt/20140508/2014050805/ 202111/t20211104_4196388. html.

第五章　气候资源与人类生活

第一节　气候资源概述

一、气候资源的概念

（一）气候资源

气候组成自然环境的整体，又是自然资源的重要部分。气候是人类和一切生物生存所依赖的重要因素。气候要素中，根据人类社会发展的需要而进行开发利用的物质和能量称为气候资源，包括这些气候因素的数量、质量、组合状态、形成变化规律和分布状况以及有关天气气候现象等。

专栏 5-1　天气与气候

气候是指一个地区多年时期内大气的平均状态，是该时段各种天气过程的综合表现。因此，气象要素（温度、降水、风等）的各种统计量是表述气候的基本依据。气候与天气虽然都是用来表述大气状况的名词，但天气指的是某一地区在某一短时间内的大气运动状况，而气候描述的是长时间的平均状态。

天气和气候的区别和联系可以举一个例子来说明：如果要描述北京和南京冬季的气候，我们可以说北京冬季的气候特征是寒冷干燥，而南京冬季的气候特征是阴冷潮湿，这也是中国南方和北方冬季最典型的气候特征。但如果我们要描述北京和南京冬季某一天的天气，如2015年1月1日，那么我们发现这一天北京的天气是晴，最低气温−5℃，最小相对湿度15％，而这一天南京的天气是阴，最低气温0℃，最小相对湿度50％。可以说，2015年1月1日这天北京和南京的天气都体现了这一城市冬季的气候特征，即北京是寒冷干燥，南京是阴冷潮湿。但我们如果看冬季的另外一天的情况,如 2016 年 1 月 1 日,那么很可能北京在下雪,阴冷潮湿,而南京可能是晴天,相对湿度也较低,寒冷干燥。这样一来,2016 年 1 月 1 日这一天北京和南京的天气就不能很好地体现其典型的气候特征了。所以,我们说气候是各种天气过程的综合表现,哪种天气过程占优势,气候就更多地体现了这种天气过程的特征,但这并不意味着这个地区每一天每一刻的天气都能完全体现其气候特征。再举个例子,在修建机场的时候,机场跑道的走向一般要考虑和多年平均风向一致,这样更有利于飞机的起飞和降落;虽然机场的平均风向反映了机场风力变化的多年平均特征,但就每一架航班的起降瞬间而言,瞬时风有可能是顺风,也有可能是道风或者横风。因此,天气和气候最主要的区别就在于天气反映当前状态的瞬时现象,而气候是多年平均的状态。

虽作为现代学术名词,气候资源被人类理解和利用的历史却已非常久远。中国春秋战国时代末期的《吕氏春秋》称气候是农业的重要资源。二十四节气的提出和应用,为我国古代开发利用气候资源提出了季节性的参考标准。风车提水、风帆助航是古代人类就开发利用的风能资源。这就是说"气候资源"概念的产生经历了一个历史过程。"气候资源"是发展中的科学概念,现代对气候资源的理解有着更丰富的内涵,将气候资源和生产应用作为一个完整的系统来认识,除了某种生产直接需要外,还要考虑各产业和行业对气候资源的优化配置问题,以及气候资源利用对环境的影响和气候资源本身的保护问题,也就是生态平衡问题。这就是气候资源现代新出现的科学内涵。

"气候资源"作为科学术语的出现还是现代的事。在国内,20 世纪 50 年代专业气候资源(如农业气候资源等)的名词虽已有应用,但"气候资源"术语在当时的出版物中并不多见或难以见到。所以有学者认为"气候资源"作为科学术语的正式提出是在 1979 年 2 月底瑞士日内瓦召开的世界气候大会上,会议主席罗伯特·怀特(Robert M. White)在报告中提到:"这次大会在实质性的准备中产生了一个重要的新概念,这就是我们应当开始把气候作为一种资源去思考。"1979 年 9 月上海辞书出版社的《辞海》中有"气候资源"专条。现在"气候资源"这一概念,至少已在大气科学以及有关自然科学部门得到了普遍应用。《世界气候计划(1988—1997)》其《引言》第一句就提出:"气候既是有益于人类的一项重要自然资源,又可能导致自然灾害。"1986 年农业出版社出版的《中国农业百科全书》(农业气象卷)有"气候资源"专条;1993 年科学普及出版社出版了《中国气候资源》科普丛书;2000 年 3 月中国大百科全书出版社出版的《中国资源科学百科全书》有"气候资源学"分支。在上述典籍中对"气候资源"概念都有阐述。

（二）气候资源的组成

气候资源要素是表征气候资源的基本特征和状态的各种参量,系指自然界中光、热、水、风、大气成分等各种物理量的统计值和某些天气气候现象的频数等。气候资源要素气候条件及天气气候现象组成气候资源总体。气候资源要素按其性质可归纳成以下 6 类。

1. 辐射光能类:包括太阳总辐射、直接辐射、漫射辐射、地表反射辐射、有效辐射、净辐射、光有效辐射、日照时数、日照百分率等。

2. 热量类:包括气温、地温以及与之有关的各项统计量,各种界限温度及其始日、终日、持续天数和其间的积温,初终霜冻日及无霜冻期、冻土深度等。

3. 水分类:包括降水量、降水日数、空气水汽压相对湿度、蒸发量及土壤湿度等。

4. 动量类:包括风速、风向、风能、风能密度及与其有关的各项统计量。

5. 天气气候现象:主要指与人类活动有密切关系的天气气候现象及其频数,如雨凇、雾凇、积雪、结冰、浮尘、烟雾、霜、露、晴、阴、雨、雷暴、暴雨、大风、冰雹、龙卷风等。

6. 综合类:指几种要素组合表示某一气候资源特征,如干燥度或湿润度等。

气候要素统计量是用来描述气候要素集中和离散状况及其出现概率的量度,通常用各种平均值、距平值、变率、极值、极差、均方差、离差系数、频率、保证率等来表示。气候指标是用来表示一定气候条件下的单项气候要素或多项气候要素的综合特征,主要用于说明某地的气候特征,也是进行气候资源、灾害和经济活动、气候分析及气候区划的重要尺度,根据其特征量可以评价某地区气候条件的利弊程度或气候资源的丰贫状况。由于人类社会活动对气候条件的要求是多方面的,而各地气候特点又各异,要综合反映气候资源状况,需要提出各种要求的特征量,如农业气候资源研究中普遍使用多种农业气候资源指标等。

（三）气候生产潜力

参与植物有机物生产的光、热、水以及大气二氧化碳是估算农业气候生产力的四个基本气候资源因素。假设作物品种、群体结构、土壤和栽培技术等都处在最合适状态下,在当地自然气候因素作用下可能获取的单位面积的最高产量称为作物气候生产潜力,它是指作物不受养分限制时,由光温水共同决定的生产力,是一个地区作物产量的上限。通过研究气候生产潜力变化规律及其主要影响因子,不仅可以反映出中亚气候生产潜力水平与光、温、水资源配合协调的程度及地区差异,而且对提高土地生产力水平,指导农牧业生产,具有重要的意义。

中国土地资源自然生产力存在很大的地区差异,这些差异除了受土壤特质和地形影响外,最主要的原因是水热等气候资源在空间上分布的差异,也就是说气候资源及其影响下的气候生产潜力是影响土地资源自然生产力的根本原因。例如,中国西部干旱区面积尽管超过了50%,但受其水分亏缺的影响,其生物量仅占全国总生物量的13%;相反中国东部地区尽管面积不到50%,但总生物量占全国的87%。在中国东部,尽管水分条件较好,但生物量还是存在从热带向寒温带递减的规律,这主要是受气候资源中热量的南北差异影响所致。

据计算,中国作物气候生产潜力最高的是华南南部,其生产潜力达到26250kg/hm² 以上,江南的亚热带地区约在22500~26250kg/hm²,长江流域以北的华北平原和东北平原约在7500~22500kg/hm²。在中国北部及西北部,天然草场牧草产量的气候生产力受水分或热量条件的限制,虽然光照条件较好,但产量不高,草甸草原和干草原的生产潜力约在3000~7500kg/hm²,而荒漠草原的草场高者可达4500kg/hm²,低者约750kg/hm²。

气候生产潜力的估算方法有很多种,或通过实际测量,基于统计方法进行估算;或基于模型,对大区域的气候生产潜力进行估算;还有的方法是充分利用现有的遥感和地理信息系统技术,对气候生产潜力进行估算。从方法上来说,它大体上经历了直接测量——统计估算——生物地理模型——生物地球化学循环模型——基于遥感数据的生物地球化学循环模型的过程。利用经验的统计方法进行生产力估算的代表性的工作是 Lieth 推出的迈阿密模型,它用年平均温度和年降水量来估算气候生产潜力:

$$NPP_t = \frac{3000}{1+e^{1.315-0.119t}}$$

$$NPP_R = 3000(1-e^{-0.000664R})$$

$$NPP = \min(NPP_t, NPP_R)$$

式中:t 为某地的年平均气温(℃);R 为年降水量(mm);NPP_t 和 NPP_R 分别表示由气温和降水量所计算的生产潜力[g/(m² · a)],最后用李比希(Liebi)定律取最小值来作为当地的生产潜力。

(四)气候的全球差异性及产生原因

气候资源的形成决定于气候特征的形成和气候变化状况。影响气候特征和变化的四大因子是太阳辐射、大气环流、下垫面状况和人类活动。由于地球上地理纬度的差异,导致了太阳辐射分布的不均匀;由于地球表面海陆分布、地形差异、地球自转等因素而形成了不同尺度的大气环流和区域气候特征,加之人类活动对地球下垫面状况的改变和大气成分的改变,造成了气候的变化,使得气候资源的时空分布也有较大的复杂性。

我国气候学家将全球气候分为三个纬度带和一个高地气候,在各纬度带中又分若干气候型。低纬度气候受赤道气团和热带气团控制,全年高温,最冷月均温在15℃以上。根据环流系统的季节性移动,低纬度气候又可分为赤道多雨气候(又称热带雨林气候)、热带海洋性气候、热带干湿季气候(又称热带草原气候)、热带季风气候、热带干旱与半干旱气候;中纬度气候是热带气团和极地气团相互角逐的地带,最冷月均温低于15~18℃,四季较为分明,分为亚热带干旱与半干旱气候、亚热带季风气候、亚热带湿润气候、亚热带夏干气候(又称地中海气候)、温带海洋性气候、温带季风气候、温带大陆性湿润气候、温带干旱与半干旱气候;高纬度气候带盛行极地气团和冰洋气团,低温无夏,空气中水汽含量少,降水少,蒸发弱,分为亚寒带大陆性气候(又称亚寒带针叶林气候)、极地长寒气候(又称苔原气候)、极地冰原气候;高地气候出现在约55°S~70°N的大陆高山高原地区,在北半球中纬度地区分布较广,南半球主要分布于安第斯山地,随着高山地带高度的增加,空气逐渐稀薄,气压降低,风力增大,日照增强,气温降低,在一定坡向和高度范围内降水量随高度加大,表现出从山麓到山顶的气候垂直地带性(见图5-1)。

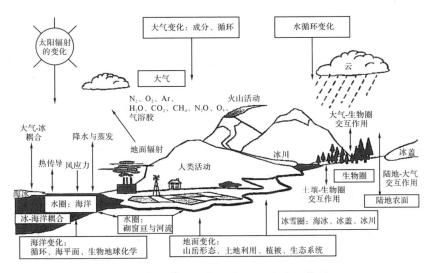

图 5-1　全球气候系统组成、过程与交互作用

第二节　气候资源的开发利用

针对光、热、水、风等气候资源,人类对其利用的方式存在较大差异,总的来说气候资源的利用有两种方式,即直接利用方式与间接利用方式。直接利用是

指作为能源与物质的气候因素的直接被利用。例如,利用太阳能、风能发电、供热,作为机械动力,利用空气制氧、制氮等。气候资源的另一种利用方式是间接利用,它主要是利用绿色植物在光合作用过程中同化二氧化碳和水,合成有机物从而将太阳能转化为有机物质化学能。气候资源的间接利用方式是作为生产人类生活必需的粮食和畜产品以及诸如木材、纤维等原料的基础。

一、气候能源

地球上绝大部分能源都来源于太阳能,或者转化的太阳能。目前人类对气候能源的利用,主要限于对太阳能和风能的利用。

(一)太阳能利用

中国是世界上利用太阳能最早的国家,西周时就发明了"阳燧取火",但自觉地把太阳能作为一种能源加以利用,则历史短暂,从 20 世纪 50 年代末开始太阳能器件的研究,70 年代初才有较大发展。太阳能利用有热利用和电利用两种方式,在中国前者较后者更为广泛。目前中国的太阳能集热器有太阳灶、太阳能热水器、太阳房等。中国是推广家用太阳灶最多的国家,至 2019 年全国农村太阳能灶拥有量 183.57 万台,其中甘肃占 41.03%,河北、西藏、青海各占 10%。太阳灶的经济效益较为明显,一台采光面积 2 平方米的太阳灶每天可节省燃料 7.5kg,每年可使用 200 天投资回收期约 2~4 年。太阳灶推广应用上存在的问题是反射面的材料寿命过短,一般只有 2 年,经济效益较差。太阳能热水器(见图 5-2)是推广应用数量最多的太阳能利用装置,2019 年累计已达 8476.7m^2,其中集体使用者占 90%,家庭住宅使用者占 10%。华北地区太阳能热水器一般每

图 5-2　太阳能热水器

年可使用6～8个月,每平方米采光面积的太阳能热水器每年可节约标准煤 0.2t 左右。太阳房在我国也有一定发展,目前已建成数百栋,以西藏、甘肃、北京及天津、河北、内蒙古、辽宁、青海为多,收到了明显的经济效益。如西藏阿里地区,建造太阳房的投资比建造普通房多 37%,采暖期为 8 个月,但每 1 万 m² 建筑每年节省采暖费 66 万元,投资回收期约为 3 年。此外,太阳能干燥器、太阳能制冷和太阳能发电在我国也均有发展。

（二）风能利用

中国风能资源的利用历史十分悠久,早在 3000 年前,夏禹就发明了帆船,借风驱船;1300 年前发明了垂直轴风轮。目前对风能的利用方式,主要是风力提水和风力发电。沿海地区 20 世纪 50 年代仍有 20 万台风力提灌、制盐设施,之后逐渐为电力提灌设备所代替。70 年代中期以后,随着电力紧张状况和环境污染的日益加剧,风能作为一种洁净、可更新资源,重新受到重视。利用风能发电是解决农村能源紧缺问题的有效途径之一。1993 年底全国有百瓦级小型风机 12.8 万余台,主要分布于内蒙古草原上,解决了牧民的生活用电问题,具有良好的社会效益。到 2023 年,全国风电装机总容量 44134 万 kW,并且已并网发电,实现了风电由生活用电向生产用电的转变。实践证明,风电在无煤、缺水而风能资源丰富的地区,具有不占耕地、建设周期短和装机规模灵活等优点,与其他类型的新能源(如太阳能、地热能、海洋潮汐能等)相比,经济效益显著,前途广阔。目前中国的风能资源利用受到技术条件限制,尚处于试验阶段。今后随着有关科技问题的解决,风能资源必将得到更大规模的开发利用。

中国风能资源的理论可开发量为 6～72 亿 kW,实际可开发利用量为 24 亿 kW,地域分布差异较大,可划分为六个类型区:①东南沿海及岛屿最大风能区,风能密度在 300W/m 以上,年可利用时间 7000～8000h;②"三北"(东北、华北和西北)北部次大风能区,风能密度 200～300W/m,年可利用时间在 500h 以上;③黑、吉及辽东半岛沿海较大风能区,风能密度约 200W/m,年可利用时间 500～700h;④渤海及山东半岛沿海、青藏高原北部较大风能区,风能密度 150～200W/m,年可利用时间 4000～5000h,青藏高原可达 6500h;⑤两广沿海、云南西部、"三北"南部及长江、黄河之间风能可利用区,风能密度 50～100W/m,年可利用时间 2000～4000h;⑥云贵中北部川、陕南、湘西、鄂西、闽西和闽北等地是风能最小区,风能密度在 50W/m 以下,年可利用时间在 2000h 以下。

二、气候风景资源

气候资源时空分布的差异导致不同地区的景色各异。中国地域辽阔,气候类型多样,这与旅游风景的形成密不可分。我国从北到南,气候由寒温带、中温带、暖温带、亚热带过渡到热带,形成丰富的旅游景观。在寒温带的黑龙江地区,冬长而寒,夏短而暖,冬季积雪厚达一米,滑雪活动丰富多彩,冰雕形态各异;暖温带主要分布在中华民族发祥地的黄河中下游平原地区,冬寒夏暖,春秋温和,人文历史悠久,非物质文化遗产丰富;北、中亚热带地区,四季分明,以苏杭为代表的江南风光颇为一绝;南亚热带中,两广、云贵颇具盛名,其中,云贵高原的民俗风情与自然风光使人流连忘返;以台湾南部、广西南部、海南岛、云南镇南谷地坝区为代表的热带季风气候区,沙滩旅游兴盛。

气象气候的景观丰富多彩,云景如泰山岱顶四大奇观的"云海玉盘"、黄山的"云海",大气折射构成的"佛光""海市蜃楼"等奇幻景观,霞景如厦门的"鹭江晚霞",日出日落景观,雪景如西湖十景之一的"断桥残雪",奇妙的雾凇、雨凇,绚丽夺目的极光……

专栏 5-2　保护雾凇景观——人与自然和谐共生

雾凇俗称"树挂",是冬日里水蒸气凝结在树木和草丛之间形成的独特自然现象。雾凇的形成,要符合以下几个条件——气温在-20℃以下;水温在 1.7℃左右,形成充足的水汽,相对湿度大于 80%;天气晴朗,云量小;无风或微风,风速≤1m/s。只有这些因素兼备并共同作用,经过复杂的大气物理演化,才能形成雾凇。

丰满水电站发电出流相对高温的水是保证雾凇形成的重要因素之一。每到冬季,尽管松花湖已冰封如镜,但冰层下面几十米深的水里仍能保持 4℃左右的水温。每逢丰满水电站机组发电,浩浩荡荡的水流喷涌下泄,温度又有所提升,>20℃的温差加上一定的气压、风向、温度等条件的作用下,江面的大量雾气遇冷后形成结晶,以霜的形式凝结在周围粗细不同的树枝上、柳条上,形成大面积的雾凇奇观。

在丰满重建工程立项之初,保护雾凇自然景观和下游水生态环境,促进人与自然和谐共生,就成为建设者在"绿色中国"大背景下的行动自觉。工程还针对雾凇景观形成的机理开展研究,对水电站运行下泄的水温和流量等进行了详细的统计分析,确定了雾凇景观形成的基本边界条件,并据此研究制定保障雾凇景观的电站环保运行调度方案。

2019 年 9 月 20 日,丰满重建工程首台机组投产发电。一年之后的 2020 年 9 月 25 日,丰满重建工程最后一台机组 6 号机组投产发电。新机组和原三期机组联合发电,水量大、水温高,保护了雾凇景观形成的条件。根据吉林市气象部门提供的资料,目前共有两个周期的雾凇监测数据,但均不完整。2019 年 11 月 21 日阿什哈达出现第一场雾凇,到 2020 年 1 月 24 日,共监测到 30 场雾凇,后由于疫情影响监测中断,相比于 2014—2019 年同期(24.6 天),有所增加。2020 年 11 月 23 日开始出现雾凇,到 2020 年 12 月 24 日,共监测到 15 场雾凇,相比于 2014—2019 年同期(平均 7.8 天),有所增加。

资料来源:泄蓄之宰,山水不尽,雾凇依旧! 丰满水电站重建工程全面投入运行[EB/OL].(2020-12-30)[2024-06-28].http://slj.jlcity.gov.cn/ghjh/zdjsxm/202103/t202 10325_941684.html.

第三节　气候与生产的关系

一、气候影响区域发展

气候决定论认为气候是广泛存在的、强有力的环境因子,对于塑造自然系统和社会系统,起着决定的作用。公元前 4 世纪亚里士多德(Aristoteles)认为地理位置、气候、土壤等影响个别民族特性与社会性质;希腊半岛处于炎热与寒冷气候之间而赋予希腊人以优良品性,故天生能统治其他民族。法国启蒙哲学家孟德斯鸠(Mon-tesquieu)在《论法的精神》一书中,将亚里士多德的论证扩展到不同气候的特殊性对各民族生理、心理、气质、宗教信仰、政治制度的决定性作用,认为"气候王国才是一切王国的第一位",热带地方通常为专制主义笼罩,温带形成强盛与自由之民族。这些早期环境决定论思想阐述了人类与气候之间的关联。

研究发现,中国古代大多数朝代变迁和全国动乱都发生在气候的冷期。由于冷期温度下降导致土地生产力下降,从而引起生活资料的短缺,社会动乱随之产生。

专栏 5-3　轻微和慢性的气候变化都会带来非常重大的后果

在整个夏季,平均气温每下降 1℃,农作物生长期就会延迟 3 周至 4 周,并致使农作物能成熟地区的最高海拔高度下降约 152m。即使是现在,每延迟收割庄稼 1 天,每公顷作物产量就会比不延迟收割的产量减少 63kg;在欧洲北部,夏季平均气温每下降 1℃,农作物生长期就会延迟 30 天左右。相较今日而言,在 17 世纪,人们在很多刚刚开垦的荒地上用比较原始的方法进行耕种时,气候变化对农作物生长的影响更为显著。

中国在 17 世纪三四十年代(明清更迭时期)曾发生饥荒、政治斗争和人口数量下降等,而且这些事件的发生几乎与欧洲历史上的"小冰河期"(Little Ice Age)同步,而这种"同步"恰可印证上述提及的气候变化效应。17 世纪三四十年代是被称为"蒙德极小期"(Maunder minimum)的太阳活动非常衰弱的时期,当时中国中原地带湖泊上冻频率高于历史上有文献记载的任何一个时期。此外,这种气候变冷的趋势与日本 17 世纪 30 年代末 40 年代初导致大量人口因饥饿和疾病死亡的"宽永大饥荒"(the great kan'ei famine)也是同期发生的。由此可见,布罗代尔的推测——欧洲和中国在人口数量上实现"同期"增长这一令人困惑的现象可能是全球变暖所造成的——可能是很有道理的。

资料来源:[美]易劳逸.家族、土地与祖先:近世中国四百年社会经济的常与变[M].苑杰译.重庆:重庆出版社,2019:26-27.

二、气候资源影响农业和牧业生产

人类对气候资源的开发利用方式多种多样,如气候资源的建筑利用、疗养利用、交通利用、旅游利用、商业利用等,但是人们最关心的和最广泛的开发利用方式,是气候资源的农业利用和能源利用。

气候资源为农业生产提供了光、热、水、空气等能量和物质,一般把农业生产所能利用的那一部分气候资源称为农业气候资源。中国的农业气候资源具有类型多样、区域性强;四季分明,雨热同季;农业气候资源丰富,生产潜力很大;年际间变率大,气象灾害频繁等特点,对农业生产有着重大影响。多样的气候为农业发展提供了丰富的资源基础和巨大的潜力,但多变的气候也形成多种气候灾害,对农业生产构成很大的威胁。

专栏 5-4   四大文明古国的分布与气候的关系

公元前 5000 年到公元前 3500 年,在人与人、族群与族群完全隔绝的状态下,古代四大文明几乎同时在北半球形成。如何解释这个现象?从一万年来挪威雪线变化可以发现,这一阶段是全球气候温暖期,气候变化幅度小,为人类早期文明发展提供了稳定的气候背景。除四大文明古国都受到大河的恩赐以外,北半球热带、亚热带的温暖湿润的气候条件,也为人类生存和发展奠定基础。

农业生产是在农业生态系统中,由无机物转变为有机物的一个能量和物质的转换过程。它以农作物为生产对象,以自然环境为生产场所,通过人类的生产活动,使生物体更好地适应和利用环境条件,农作物以太阳能为能源,以 CO_2、水分和无机盐等无机物质为原料,通过光合作用转变为人类所需的有机物(农产品)。可见,气候影响作用贯穿农业生产的全过程,气候资源为作物生长发育和产量形成提供必需的光、热水、CO_2、空气等能量和物质。

(一)气候资源是决定农业、牧业和林业地域分异的最重要因素

农业、牧业和林业所要求的自然资源条件不同,因此农业、牧业、林业有一定的区域分异,分异最主要的指标是气候要素中的水热条件。我国幅员广大,在大跨度的经纬差、悬殊复杂的地貌类型和强盛的东亚季风气候的支配下,形成了有悬殊差异的三大自然区,即东部季风区、西北干旱区和青藏高寒区。其中光热、水匹配状况的类型不同,是界定这三大自然区的重要区界指标,同时也是农业、牧业、林业区域分界的重要依据。通常以年降水量 400mm 的等值线为主导指标来界定东部季风区与西北干旱区的分界。在这两个大区之间(约在年降水量350~450mm)出现一个农、牧交错带,也是三北防护林的重点建设地带之一。除山地外,乔木林的自然林带难以越过年降水量低于 400mm 的半干旱地带。在年降水量低于 400mm 的西北干旱大区,以水分不足为主要矛盾的光热水组合类型区内,由东向西出现半干旱地区草原带和干旱区荒漠草原带直至荒漠。草原带为放牧业提供了天然草场,属于以牧为主的农牧业结合区。但在年降水量低于 200mm 的干旱地区,无灌溉则无种植业。在年降水量≥400mm 的东部季风区,光热水丰富,适宜以种植为主的农林牧综合发展的农业区。青藏高寒区,以低温限制为主要矛盾的光热水组合类型,在≥0℃积温低于 3000℃,最热月平均气温低于 18℃的高寒区内,喜温作物已不能正常成熟,以喜凉耐寒品种为主的农牧类型,经营以牧为主,河谷有部分农业。

东部季风气候区农业气候资源丰富,雨热同季,光温、水匹配较好,是全国农业气候生产潜力最高的地区。东北地区自东向西由湿润气候演变为半干旱气候,与之相适应形成了农、林、牧业等多种农业结构。夏季高温多雨,玉米、大豆等同纬度欧洲地区不能种植的喜温作物在此得到较大的发展,加之土地资源丰富,成为中国的重点商品粮基地。但此区域生长季较短,光热资源不足,夏季易发生低温冷害,作物和品种均有明显的栽培北界。黄淮海地区大部属南温带半湿润易旱地区,西部部分地区为半干旱气候,光热资源丰富,雨热同季,生长期较

长,是东部季风区农业发展潜力较大的战略重点地区之一;但降水高度集中于夏季旱涝灾害频繁,并且东部盐碱风沙等危害严重影响农业的稳产高产。长江中下游地区光热、水资源丰富,匹配关系良好,复种指数较高,无霜期较长;长江以北以稻麦两熟为主,以南为双季稻区,是全国农业气候资源比较优越的地区。但此地受冷空气影响,部分年份有春秋冬季低温出现,分别会造成水稻烂秧、晚稻寒露风灾害和亚热带经济作物冻害。华南地区地处亚热带和热带,降水充沛,热量丰富,作物可一年三熟,冬季温和,可种喜温作物,海南岛和西双版纳可发展热带作物。气象灾害有冬春干旱,晚稻秋季低温及沿海台风。

西北干旱区虽有充足的光照和夏季较温暖的气温条件,但年降水量偏少,没有灌溉的地区为半荒漠化草原和沙漠戈壁,有灌溉条件的地区形成发达的戈壁绿洲。青藏高寒区地势高,光照丰富,热量不足,水分贫乏,以畜牧业为主,农业集中于水热条件相对较好的一江(雅鲁藏布江)两河(拉萨河、年楚河)和黄(河)湟(水)谷地。东南部温暖湿润,有大面积生长良好的森林。

(二)气候资源与土地资源分布的关系

土壤类型形成和分布的主导因素是水热条件,以及引起水热再分配的地质地貌因素。例如,红壤和砖红壤产生于高温多雨的热带、亚热带;栗钙土形成于温带少雨的半干旱地区;干旱的西北地区多为灰漠土、棕漠土等。我国在年降水量400mm等值线以东的湿润、半湿润地区的耕地面积约占全国总耕地的90%以上。年降水量800mm等值线以南的南方丰水区的水田约占全国水田总面积的93%;该线以北的旱耕地约占全国旱耕地的85%。受洪涝限制的耕地约占耕地面积的9.19%,主要分布在黄淮海平原、长江中下游平原及松辽平原。

(三)热量和水分是决定种植制度的主导因素

在大范围内,光、热、水等气候因素是种植制度形成的基本条件。但在一个地区,一年内能种几季作物,首先取决于当地的热量多少。一般说,一年一熟带分布在≥0℃积温小于4000～4200℃的地区,一年二熟带积温要达到4000～4200℃以上的地区,一年三熟带的积温需大于5900～6100℃的地区。在热量有保证的条件下,能否种植成功还要看水分条件、土地肥力和投入多少等。我国种植制度形成的气候背景是:①热量资源丰富多样形成的种植制也有各种各样,由北向南分别为一熟、二熟、三熟到四熟的种植带;②能复种的面积比较广,从暖温带到热带边缘能复种的占总耕地面积的65%;③受季风影响,降水量地区分布不均,形成种植制制度的地区差异;④气候灾害频繁,限制种植制度的发展。

(四)气候资源与土地资源生产力

我国土地资源自然生产力存在地区间显著差异,这主要受水热差异影响所致。其中东部与西部的差异主要是水分因素起主导作用,西部干旱区面积超过

50%,而生物量仅占全国总生物量的 13%;东部面积不到 50%,却占了全国总生物量的 87%。但东部,生物量从热带向寒温带递减,南部与北部相差 5～6 倍,这是由热量起主导作用。

(五)气候资源与农业生物种类特性和产量品质区域的关系

作物和牲畜的种类的适应范围和产品品质都是与气候条件联系在一起的。起源于北半球北方的作物,要求长日照、喜温凉的特性;起源于南方的作物,则要求短日照、喜热的特性,这是引种不可忽视的问题。栽培作物的水热条件也有界限,橡胶树、咖啡等热带作物分布在全年无冬,极端最低气温在 5℃ 以上,最冷月平均气温在 15℃ 以上,≥10℃ 积温 8000℃ 以上,年降水量在 1500mm 以上的地区;棉花主要分布在 ≥15℃ 积温 3200℃ 以上的地区;冬小麦种植在最冷月平均最低气温大于 −15℃,极端最低气温 ≤−22～26℃ 的地区;谷子等耐旱作物则多栽培在年降水量小于 500mm 的偏旱地区。许多作物产量品质与气温、空气湿度、日照等关系很大。中国小麦蛋白质与面筋含量自北而南,随着降水量增加,日照时数减少而降低。南温带冬小麦的蛋白质含量比长江流域和华南高 2%～3%;温带地区春小麦蛋白质含量比华南的春小麦高;甘蔗在南亚热带含糖量可达 13% 以上,而到北亚热带只有 8% 左右。中国草原三大系家畜有明显的地理气候区域分异,即以青藏高寒牧区为主的藏系家畜,以北部、西北部干旱牧区为主的蒙古系和哈萨克系家畜。这三大系家畜生活在不同环境气候条件下具有不同的生理机能。藏系家畜适于高海、高寒冷地区生存。据测定牦牛的心肺均发达、搏出的血液量大、肺活量亦大,以满足寒冷对热量的需求及适应氧气稀薄的环境。蒙古系家畜放牧地区主要为高平原,夏季要忍受高温高湿,冬季要遭受寒冷的刺激,所以在耐热和抗寒性上要比哈萨克系家畜强。哈萨克系家畜,夏季在垂直带牧场 1800～3200m 的高山草甸草场上放牧,气候凉爽;冬季在背风向阳的低山逆温带中过冬,减轻了寒冷的冲击。在内蒙古草原上,由东到西由于水热条件不同,引起草场类型和放牧条件差异化,草被结构上也有相应变化。在半湿润草甸草场,属高禾草,适宜牛马大家畜发展;在半干旱草原草场,以禾草为主,适合绵羊发展;干旱荒漠草场,以小禾草、半灌木和灌木为主,山羊、羔皮羊和骆驼为优势畜种;极干旱荒漠草场,以灌木和一年生草本植物为主,适宜发展骆驼和山羊。畜产品的肉、乳、皮毛(绒)等的数量和质量,在很大程度上受地区和季节气候变化的影响。寒冷地区的家畜一般都比温暖地区的个体大,产肉量多,毛长而密。从一个地区的季节变化看,家畜的“夏壮、秋肥、冬瘦、春乏”状况,与季节气候变化对牧草枯荣和对家畜本身影响关系较密切。皮毛质量较佳的羔皮羊品种大都分布在夏季暖热和较炎热、冬季温凉、气候干燥,草场植被为荒漠和半荒漠的地区。根据气候条件,各类草场牧草营养成分的特点及畜种特性,进行合理的畜种组合配置,可以获得最大的生态效益和最佳的畜产品经济效益。在引入优良家畜品种工作方面,要对引入和引出地的生态气候条件加以分析,例如采用畜牧气候相似的原理,主要内容包括氧分压(海拔高度)、温度和湿度三个方面。有实践表明,其中海拔3000m可作为平原地区家畜和高原地区家畜引种的上、下限。

(六)气候与农业生产活动的关系

我国农民在长期农业生产活动中,积累了大量看天种地的经验,二十四节气就是其中应用最早、最普遍的,根据气候节气从事农业生产的一部历书。

人类在从事农业活动中,进行大规模的有关工程建设,如兴修水利,营造防护林小流域综合治理,退耕还林还牧等措施,都可以相应地对局地气候施加积极的影响。例如,林带有效防风距离为树高的20~25倍左右。在干热天气下,护田林带具有明显的减弱风速、降低气温、提高空气湿度、减少土壤蒸发的功能。保护小气候是人们采用各种措施改善保护地段的小气候环境。例如采用各种材料覆盖、设立风障,以及喷洒增温防旱剂等,都有良好的小气候效应。近年来,塑料薄膜覆盖栽培得到广泛的发展。在北方,秋季塑料棚内的生长季可比露地延长一个半月。地膜覆盖栽培能改善和影响土壤气候,已广泛应用于大田作物栽培,取得了显著的生态和经济效益。另外,值得一提的是,反季节栽培是我国农民因地制宜,充分利用气候资源的又一举措。

三、气候影响区域习俗

专栏5-5 物候学——《大自然的语言》竺可桢(节选)

几千年来,劳动人民注意到草木荣枯、候鸟去来等自然现象同气候的关系,据以安排农事。杏花开了,就好像大自然在传语要赶快耕地;桃花开了,又好像在暗示要赶快种谷子。布谷鸟开始唱歌,劳动人民懂得它在唱什么:"阿公阿婆,割麦插禾。"这样看来,花香鸟语,草长莺飞,都是大自然的语言。

这些自然现象,我国古代劳动人民称它为物候。物候知识在我国起源很早。古代流传下来的许多农谚就包含了丰富的物候知识。到了近代,利用物候知识来研究农业生产,已经发展为一门科学,就是物候学。物候学记录植物的生长荣枯,动物的养育往来,如桃花开、燕子来等自然现象,从而了解随着时节推移的气候变化和这种变化对动植物的影响。

物候观测使用的是"活的仪器",是活生生的生物。它比气象仪器复杂得多,灵敏得多。物候观测的数据反映气温、湿度等气候条件的综合,也反映气候条件对于生物的影响。应用在农事活动里,比较简便,容易掌握。物候对于农业的重要性就在这里。

礼仪、习俗的形成往往与气候、环境有相当的关联,尤其是习俗或在习俗基础上发展而成的礼仪表现更为显著。在我们耳熟能详的节庆习俗中,如春节、端午、中秋、重阳其实都与季节、气候的变化有密切的关联性,因为一方面这些习俗与季节有关,一方面它们的形成过程与农事有关。比如端午,我们熟悉的是吃粽子、赛龙舟、喝雄黄酒、烧菖蒲或艾叶、系五色线,但是若稍稍深入,就会发现这一系列的活动都与这一时期的季节变换和农事劳作有关。农历五月初五前后,一般是长江流域地区正式进入农忙,是水稻移栽的重要时节,同时也是天气开始转入蚊虫繁衍的湿热夏天的时节。节俗热闹的背后都与气候变化有关,如赛龙舟除了有祈求风调雨顺的内涵外,用今天的话来说还带有农忙前动员的意味(实际上不少比较古老的习俗都有这个内涵);吃粽子则与农忙有着十分重要的关联,这是因为粽子一方面耐储、一方面耐饥,是适合重体力劳动的食物,在稻麦两熟轮作制传到这一地区之后该作用就更为显著;喝雄黄酒则与古人认为它具有祛湿避蛇虫的功效有关;烧菖蒲或艾叶的实际功效则在于灭蚊虫,因为此时蚊虫刚刚开始繁殖,用菖蒲或艾叶的烟熏很容易杀灭蚊虫,由于此时杀灭的都是过冬的老蚊子,是繁殖新蚊子的母体,因此其效果十分显著。

专栏 5-6 气候与宋词

曾大兴先生绘制的《隋唐五代江北宋文学家的气候带分布图》《金南宋文学家的气候带分布图》告诉我们,两宋时期中温带分布的作家数量非常少,文学家们主要集中在暖温带和亚热带两个气候带。"再细加观察,宋词作者地域分布的密集区是在南方的浙江(含上海)、江西、福建、江苏、四川、安徽和北方的河南、山东八省。这南北八省的词作者共有 813 人,占作者总人数的 92.4%;其词作量为 16774 首,占作品总量的 93.5%。几乎可以说宋词并不是宋代全境的人写出来的,而是宋代八省的人写出来的,作者地域的分布极不平衡。"在上述八省中,尤以浙江、江西、福建和江苏四省的词作者为最多,浙江、江西、福建、江苏四省相邻形成一个规模较大的经济发达地带,宋室南迁后更是得天独厚,发展迅猛。这一经济发达区处在暖温带和亚热带交接地带偏南方向,东临大海,避免了夏季过热、冬季过冷的气候缺憾,海洋性气候使得四时十分宜人,"杏花春雨江南"是对这一带自然地理环境的最典型的概括。

第四节　全球变化

一、全球气候变化

气候变化是当前最突出的全球性环境问题之一。气候变化关乎全人类生存和发展,是全球性挑战,任何国家都无法置身事外。全球性气候问题已经影响到了全球超过5亿人的生存,广大发展中国家面临的状况尤为严重,而且最新的气候监测表明,全球气候系统的变暖趋势仍在持续。2019年,大气二氧化碳平均浓度首次突破415ppm,比工业化前的280ppm高出近50%;全球平均温度较工业化前水平高出约1.1℃,是有现代观测记录以来第二暖年份,全球平均海平面再创历史新高,南极和北极海冰范围保持较低水平。2019年夏季,欧洲连续遭遇两次严重的极端高温热浪事件;澳大利亚受罕见高温影响,自2019年9月起频繁发生森林大火,持续4个多月;2020年8—9月,美国加州迎来有史以来最严重的火灾季节,并蔓延至华盛顿州和俄勒冈州。全球气候变化对自然生态系统和经济社会的影响正在加速,全球气候风险持续上升,并可能引发系统性风险,对全球自然生态系统、经济社会发展、人类健康和福利形成严重威胁。

高影响气候事件频发,使人类社会充分认识到气候变化的严峻性。英国、爱尔兰、加拿大、法国、欧盟等国家和地区,以及来自世界各地的100多名科学家纷纷宣布,地球正身处"气候紧急状态"。国际社会亟须采取及时有力的行动,避免气候变化带来的最坏和最不可逆影响。1997年在日本京都召开的第三次缔约方大会通过《京都议定书》,为各国的二氧化碳排放量划定了标准,目的是使人类免受气候变暖的威胁。2015年《联合国气候变化框架公约》近200个缔约方通过《巴黎协定》,协定为2020年后全球应对气候变化行动作出安排。面对可能出现的危机,各国积极采取行动,例如,英国提出要在2035年前后禁止燃油汽车上市,德国提出要在2038年前逐步淘汰煤炭,部分国家和地区还提出到2050年甚至更早实现二氧化碳净零排放等更为雄心勃勃的目标。

二、臭氧层破坏

1985年,英国科学家发现,1977—1984年间,南极上空的臭氧损耗严重,局部空间已损耗了90%,南极臭氧空洞的发现,引起了全世界的极大震惊。次年,也就是1986年,国际北极探险队宣布,他们又在北极上空发现了一个面积相当于格陵兰岛那样大的臭氧空洞。最近几年,我国气象学家在研究1977—1991年间的气象资料时发现,原来,我国西藏高原上空也有一个臭氧空洞,它的中心位置约在拉萨偏北。每年6—10月,这里的大气臭氧比正常值低11%。

臭氧层破坏是因为大气中存在过多消耗臭氧分子的物质。其中氟利昂等消耗臭氧物质是破坏臭氧层的元凶。氟利昂是20世纪20年代合成的,其化学性质稳定,不具有可燃性和毒性,被当作制冷剂、发泡剂和清洗剂,广泛用于家用电器、泡沫塑料、日用化学品、汽车、消防器材等领域。20世纪80年代后期,氟利昂的生产达到了高峰,年产量达到了144万t。在对氟利昂实行控制之前,全世界向大气中排放的氟利昂已达到了2000万t。由于它们在大气中的平均寿命达数百年,所以排放的大部分仍留在大气层中,其中大部分仍然停留在对流层,一小部分升入平流层。在对流层相当稳定的氟利昂在上升进入平流层后,在一定的气象条件下,会在强烈紫外线的作用下被分解,分解放出的氯原子同臭氧会发生连锁反应,不断破坏臭氧分子。科学家估计,一个氯原子可以破坏数万个臭氧分子,因此人们把氟利昂视为臭氧层的头号杀手。

臭氧层破坏会对人体健康造成不利影响,过量的紫外线损伤人体免疫系统,增加眼部疾病概率,导致皮肤癌发病率增加,甚至破坏生态系统,导致农作物减产。

三、酸雨危害

酸雨通常指pH低于5.6的降水,但现在泛指酸性物质以湿沉降或干沉降的形式从大气转移到地面上。酸雨会导致土壤酸化、危害陆生生态系统,破坏水生生态系统,侵蚀建筑材料,间接危害人类。

第五节 气候资源的可持续利用

一、搞好农业气候区划

因地制宜是开发利用气候资源的指导思想,是根据区域气候条件合理安排农业生产布局应遵循的重要原则。我国古代著名农书《齐民要术》中明确指出:"顺天时,量地利,则用力少而成功多。"这充分说明我国古代就已认识到因地制宜原则的重要性。因地制宜这一原则到了现代具有更为深刻的意义。随着科学技术水平的提高,人类驾驭自然的能力不断增大,因地制宜就不再是靠人们不自觉的行为来实现,而成为需要大量研究来实现的一项计划性任务,使之成为人人都充分认识并自觉执行的一个原则。

要做到因地制宜地发展农业生产,首要的工作是搞好农业气候区划。我国各地的农业气候资源存在着显著的地域差异,同时,农业气候资源又与农、林、牧各业密切相关。为了更好地发挥各地的农业气候资源优势,按照各地的气候特点,合理布局农业生产,有必要就农业生产与气候的关系进行区域划分,为制定合理的农业发展战略和长远规划提供科学依据,从而更科学地指导农业生产。农业气候区划是在分析农业气候条件的基础上,遵循农业气候相似原理和地区分异规律,根据对农业布局、农业生物的生长发育及产量形成有决定意义的分区指标体系,划分若干个等级不同的农业气候区域,进而根据各区的农业气候特点,提出从气候条件着眼的农业发展方向和利用改造途径。根据农业气候资源和农业气候条件的差异,可将我国划分为三个农业气候区,即东部季风型农业气候区、西北干旱型农业气候区和青藏高寒型农业区。大区之下,还可以进一步划分亚区,如前者可划分为北部亚区和南部亚区,中者可以划分为主牧旱作亚区和主牧灌溉农作亚区,后者可以划分为主牧兼农作亚区和无农作亚区。中国农业气候区划是中国综合农业区划的组成部分,为农业结构调整、农业发展方向的确定等提供气候方面的建议和论证。我国应充分考虑各地农业气候资源和农业气候条件的差异性,以农业气候区划为指导,因地制宜地合理布局农业生产。

二、开发山地气候资源

我国是一个多山的国家,山区气候资源多种多样,宜于山区农、林、果、药、牧等全面发展,促进山区经济。过去我国对山区气候资源多样性这一特点认识不足,仅看到其不利的一面,而对其优势往往忽视。目前我国山区的经济水平比平原地区低,其原因不在于山区气候资源条件差,而在于没有按照山区的气候条件因地制宜地设计生产结构,一味盲目引进平原地区的生产模式,大力发展耕作业所致。这不仅没能使山区经济得以大力发展,而且还破坏了山区的生态环境。从宏观上讲,山区的气候条件并非劣于平原,甚至有许多平原所不及的优点。山区多样的气候条件,更有利于发展多种经营,生产市场价值更大的土特产品,促进山区经济的发展,关键在于应自觉遵循因地制宜的原则,合理开发山区气候资源,做到近山养山、养山吃山,全面发挥开发山区的经济效益和生态效益。

三、预防气候灾害

我国大部分地区位于季风气候区,气候要素变动频繁且幅度大,是气候灾害多发国家,影响大的有干旱、洪涝、寒潮、干热风、台风、冰雹、霜冻等,每年给我国造成巨大损失。因此,必须采取有力措施,加以防御。例如,针对洪涝灾害应搞好雨情预报和洪水监测,通过工程措施和非工程措施蓄泄并举,提高防洪能力;针对干旱灾害,则应搞好干旱预报和土壤水分动态监测,通过水利工程建设和发展节水灌溉技术,提高抗旱能力。

四、加强气候资源开发技术研究

一个国家或地区拥有气候资源的多少,在一定程度来说,取决于它的科学技术水平。在评价气候资源时,还需要从社会发展和科学技术进步的角度,展望未来开发利用的能力以及在这种能力的条件下当地气候所拥有的资源量。随着生态科学、建筑工程学、电子工程学、管理科学及其他相关技术科学的发展,我国已经掌握了几乎所有现有的气候资源开发利用技术,如太阳能采暖、太阳能发电、风力发电技术等,但是有许多方面与世界先进水平相比,尚有很大差距,还有待于进一步的研究发展。

五、重视气候资源科学管理工作

与其他种类的自然资源相比,人类长期以来对气候的资源性认识不足,管理松懈,然而人类活动对气候及其变化的敏感性和依赖性日益增强,因此加强对气候资源的管理显得迫切和必要。强化气候资源管理的目的,在于强调充分利用气候资源的同时,注意避免诱发气候灾害和破坏气候资源。我国是世界上气候变化率最大的地区之一,异常气候发生频率高,气候灾害严重,必须重视气候资源管理工作。气候资源管理的内容包括对气候资源的监测、估算、评价、利用和保护管理。把气候资源作为一种自然资源进行管理,此项工作在我国是最近几年才开始。然而这项工作内容作为气候业务、科研和业务管理工作,有相当一部分一直在开展着,如 20 世纪 70 年代以来开展的全国、省、县三级农业气候区划,全国及省的风能、太阳能区划,农业气候资源开发利用研究等,都取得了丰硕成果。1988 年我国明确提出了"增强气候资源意识,强化气候资源管理"的要求,1991 年国家颁发了《气候资源管理大纲(试行)》,从而迈出了气候资源管理的第一步。今后我国应按照该大纲所提出的主要任务,加强宣传,开展监测,研制推广有关技术方法,组织气候资源评估与利用的试验、示范和服务工作,进行大型工程和建设项目的气候影响评价,制定有关气候资源利用和保护方面的法规,把气候资源管理工作推向一个新的阶段。

六、加强气候资源科学研究工作

气候资源的开发利用离不开科学技术的发展,科学技术是气候转变资源的动力。没有科学技术,气候则仅是一种与人类经济活动无关的自然现象。目前人们开发利用气候资源的科技手段还很有限,人类社会的经济布局仍然在很大程度上受着气候条件的限制。科学技术尚未发展到能够开发利用地球上任何类型的气候资源的水平,人类对气候资源的利用领域还很狭窄,大规模只限于现有的农业利用,而气候资源的工业及其他产业的开发利用十分有限。人类要想真正使经济活动摆脱气候条件的限制,全面开发利用气候资源,就必须加强科学研究工作,发展气候资源开发利用的科学技术,掌握有力的工具,使气候资源为人类提供更多、更广泛领域的服务。

参考文献

［1］［美］易劳逸.家族、土地与祖先:近世中国四百年社会经济的常与变[M].范杰译.重庆:重庆出版社,2019:26-27.

［2］陈健.解密台风"利奇马",探究"天气与气候"[J].求学,2019(46):61-63.

［3］Daniel D. Chiras,John P. Reganold.自然资源保护与生活[M].北京:电子工业出版社,2016.

［4］邓先瑞.气候资源概论[M].武汉:华中师范大学出版社,1995.

［5］丁一汇.气候变化科学问答[M].北京:中国环境出版社,2018.

［6］姜世中.气象学与气候学[M].北京:科学出版社,2010.

［7］李莉,周宏飞,包安明.中亚地区气候生产潜力时空变化特征[J].自然资源学报,2014,29(2):285-294.

［8］李润田.中国资源地理[M].北京:科学出版社,2017.

［9］潘晟.礼仪、习俗与气候变迁和环境演变关系的思考[J].江汉论坛,2011,8:86-89.

［10］淑荣,姚红.环境科学概论[M].北京:清华大学出版社,2018.

［11］石玉林.资源科学[M].北京:高等教育出版社,2006.

［12］史培军,周涛,王静爱.资源科学导论[M].北京:高等教育出版社,2009.

［13］王永慧.气候资源在旅游风景中的地位[J].南京晓庄学院,1995,12(4):50-52.

［14］伍光和.自然地理学[M].北京:高等教育出版社,1978.

［15］谢伏瞻,刘雅鸣.应对气候变化报告(2020)［M］.北京:社会科学文献出版社,2020.

［16］朱长英.地理空间对宋词影响之研究［D］.济南:山东师范大学,2016.

第六章　矿产资源与人类生活

第一节　矿产资源概述

一、矿产资源的概念

矿产资源又名矿物资源,是指经过地质成矿作用而形成的、储存于地表和地壳中,呈固态、液态或气态的,并具有开发利用价值的矿物或有用元素的集合体。矿产资源属于非可再生资源,其储量是有限的。

中国已发现矿种 173 个,可分为能源矿产(如煤、石油、地热)、金属矿产(如铁、锰、铜)、非金属矿产(如金刚石、石灰岩、黏土)和水气矿产(如地下水、矿泉水、二氧化碳气)四大类。

二、矿产资源的分类

(一)按属性分类

按属性分类,矿产资源可分为能源矿产、金属矿产、非金属矿产和水气矿产。

1. 能源矿产

又称燃料矿产、矿物能源。如煤、石油、天然气、地热等,矿产资源中的一类。赋存于地表或者地下的,由地质作用所形成的,呈固态、气态和液态的,具有提供现实意义或潜在意义能源价值的天然富集物。已发现的能源矿产资源,固态的有煤、油页岩、泥炭、石煤、铀、钍、天然沥青、天然气水合物等;液态的有石油;气态的有天然气、煤层气;另有地热资源(可呈气态、液态)。能源矿产中人类通常使用且历史较为长久的是煤、石油、天然气和油页岩;新开发的有煤层气、油砂、天然沥青等。20 世纪以来,随着科技进步和资源开发利用水平的提高,又开发出了核能和地下热资源作为能源,这些矿产资源包括铀、钍、地热。

2. 金属矿产

金属矿产指从中提取某种供工业利用的金属元素或化合物的矿产。如金、银、铜、铁等。根据金属元素的性质和用途将其分为黑色金属矿产,如铁矿和锰矿;有色金属矿产,如铜矿和锌矿;轻金属矿产,如铝镁矿;贵金属矿产,如金矿和银矿;稀有金属矿产,如锂矿和铍矿;稀土金属矿产;分散金属矿产等。

3. 非金属矿产

指可以作为非金属原料或利用其特有的物理性质、化学性质和工艺特性为人类的经济活动服务的矿产资源,如石灰岩、白云岩、花岗岩、大理岩、黏土等。依据工业用途可分为:冶金工业溶剂和耐火材料类、化工及化肥原料(硫、磷、钾盐、硼等);建筑材料用玻璃、水泥、砖瓦、陶瓷原料、石材和轻质建材原料;制造工业的铸造、润滑、摩擦、磨削、电子、电气、光学材料;用于改进物质性能的各种填料原料;电力、石油、核能等能源工业的辅助材料;环境保护用材料;农牧业用的矿物原料;医药用的矿物原料;宇航和军工用的矿产;宝石、玉石和彩石等。

4. 水气矿产

指包括地下饮用水、技术用水、矿泉医疗水、引用矿泉水、医疗矿泉水及二氧化碳气、硫化氢气、氦气、氡气等。

(二)按其特点和用途分类

按其特点和用途分类,矿产资源可分为石油、煤炭、金属和非金属四类。也指天然赋存于地壳内部或地表,由地质作用形成的,呈固态、液态或气态的,具有经济价值或潜在经济价值的富集物。

三、矿产资源的特性

矿产资源的特性主要有耗竭性、隐蔽性、分布不均衡性和整体性及可变化性。

(一)矿产资源的耗竭性

指矿产资源一旦被开采利用,即开始逐渐减少,直到完全耗尽为止,资源的实物形态将会永远消失。矿产资源的耗竭性决定了人类在社会生活中必须十分注意合理开发利用和保护矿产资源。

(二)矿产资源的隐蔽性

矿产资源除少数表露外,绝大多数都埋藏于地下,在浅表矿已进行详细勘查的今天,对埋藏于地下的隐蔽矿的寻找是今后工作的重点。这就要求加强对成矿理论和成矿规律的研究,以期进行深部找矿。由于矿产资源的隐蔽性,决定了找矿勘探的风险性。

(三)矿产资源的不均匀性和整体性

一定的矿产受控于专属的成矿地质条件,而某一地区的地质特征又决定着矿产的形成。矿产分布的不均匀性和整体性,尚表现在其某一矿种或多个矿种成区成带产出的特点。从国内情况看,矿产资源在我国东、中、西部的分布也是不均衡的,各地的资源结构有很大差异。鉴于此,对矿产资源要合理开发,十分珍惜,加强勘探,以点带面。

（四）矿产资源的可变化性

也称之为动态性,是指一种自然资源会受到自然界各种条件变化的影响。同时,随着社会科学技术的进步,矿产资源会在物质形态和使用价值等方面发生变化,导致在界定与评估过程中存在很大的不确定性。20世纪早期,铀、铌、钽、稀土等矿产还被视为无用矿产,到第二次世界大战后,它们则已成为重要矿产。实践证明,从人类社会的某一发展阶段,某一发展水平上看,资源是有限的。而从人类社会发展的历史长河上看,人对自然的认识是没有止境的。人对自然的改造能力也是没有止境的。这种有限和无限的辩证统一,反映了矿产资源的基本自然属性和社会属性。

四、矿产资源实物形态和价值形态的再认识

（一）矿产资源的资产性

矿产资源的实物形态具象明确,矿产资源的价值形态表现为资产抑或资本。全世界约35亿人生活在矿产资源丰富的国家或地区,在81个国家和地区矿产资源发挥着主导作用。根据国际采矿与金属理事会数据,2016年全球金属矿产和煤炭产值占GDP比重超过10%的国家有26个。矿产资源作为一种资产,是财富的重要组成部分,开采矿产资源的同时也在不断消耗自然资源财富。联合国、世界银行等国际组织及美国、英国、加拿大、澳大利亚等国都开展了包括矿产资源在内的自然资源资本核算,从而实现经济包容性增长。世界银行发布的《2018国民财富变化》突破GDP等传统衡量指标,通过自然资本（如森林和矿产）、人力资本（个人终生收入）、生产资本（建筑物、基础设施等）和外国净资产等监测国家经济发展和可持续性。过去20年,有20多个总体财富以自然资源并转化为资本为主的低收入国家实现了中等收入地位,重要原因就是将自然资源转化为资本获得收入,并将其投入发展基础设施以及教育和卫生等,增加国家财富,提高民众生活水平。

（二）矿产资源资产的特殊性

矿产资源资产具高风险性。矿产资源资产形成是一种寻找、探明和开采的特定过程,周期长、变化多、风险高。我国100个大型矿床资料显示,矿产勘查所需时间平均为8～11年,其中煤炭10.5年,黑色金属矿产8.6年,有色金属矿产9.3年,贵金属矿产10.6年,非金属矿产11.3年。根据中国黄金集团统计,"十五"之后,找矿成功率仅为2%～3%。国外有学者提出,从一个具有勘查前景的

区域变为一个盈利的成功矿山，成功率仅为0.1%～0.2%。

矿产资源资产价值具有极不确定性。与土地资源资产相比，矿产资源资产随着开采必然发生物质消耗甚至枯竭，最终导致所有权的灭失或影响所有者权益。矿产资源资产价值影响因素多而复杂，涉及经济、政治、文化、军事、科技、环保等诸多领域。目前国际上尚未形成完善的矿产资源资产评估理论与方法，在实际操作中，由于资源储量数据的不可靠性、核定方法不统一、参数选取不一致、市场形势判断的不确定性等，致使矿产资源资产核算价值差别较大。

矿产资源资产收益具有代内公平和代际补偿性。矿产品没有改变自然矿物质的物理、化学性能，只是改变其赋存位置和状态，因此是自然物质含量高而附加值有限的产品，主要为第二产业创造附加值提供物质载体。因此，矿产资源资产收益表现“租税分离”特征，将矿产资源资产收益同通过行政权而征收的税收相区别，以体现代内公平。同时，为保护所有者全部权益，从矿产资源资产收益中提取一定比例建立专项基金，作为从后代那里预支的矿产资源物质消耗的补偿。

五、矿产资源总量与储量

资源总量是该矿产在地壳中的总量（见图6-1），储量是地质学家估计地壳中某种矿产可经济地开采的量。两者最重要的差异是，储量只包括可能开采的矿床，而资源总量则包括所有的矿床和其他存在，不管含量有多低。

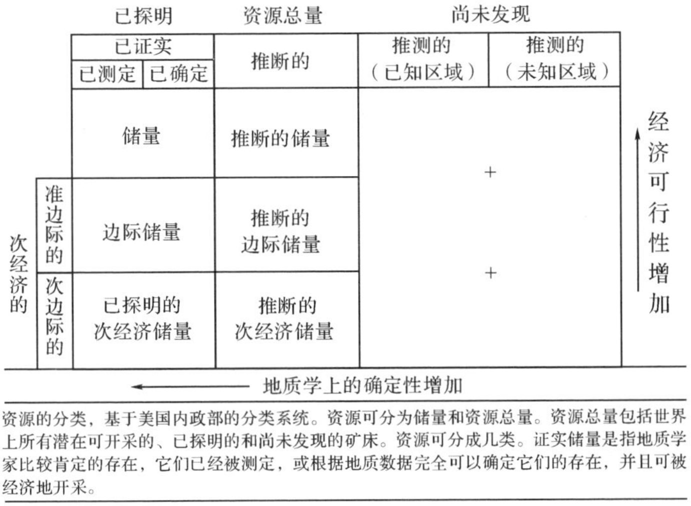

资源的分类，基于美国内政部的分类系统。资源可分为储量和资源总量。资源总量包括世界上所有潜在可开采的、已探明的和尚未发现的矿床。资源可分成几类。证实储量是指地质学家比较肯定的存在，它们已经被测定，或根据地质数据完全可以确定它们的存在，并且可被经济地开采。

图6-1　资源总量构成

图来源：Daniel D. Chiras John P. Peganold著，黄永梅，段雷，等译．自然资源保护与生活（原书第10版），北京：电子工业出版社，2016：578.

一种矿产的资源总量通常是其储量的许多倍。一个地下 10km 深的矿床是资源总量的一部分,但不在储量之内,因为开采的费用太高。例如当前估计世界上的铜资源总量为 16 亿 t,而储量仅有 5.66 亿 t。另一个需要考虑的因素是,一种矿产的储量并非固定不变的。也就是说,它可能扩大或缩减,取决于多种因素。例如,开采会降低储量。新发现的可经济地开采的矿产则增加储量。政府补贴降低了企业的生产成本,这种补贴可使得采矿企业在开采边际或不经济的矿石时仍有利可图。这种人为调整成本的做法可能使得一些资源总量变成储量。

环境和工人保护法案也可能影响储量。例如,环境法案要求企业减少采矿的污染并恢复矿区土地,这提高了开采的成本,有可能使边际经济的储量变得开采成本太高。相反,在许多国家,宽松的环境法案(甚至没有相关法律)会鼓励开采,从而增加储量,但是通常会付出巨大的环境、安全和工人健康的代价。人工成本和新技术的应用都可能影响矿产的储量。

基于对世界上储量的估计和对消费的预测,在 80 多种经济上重要的矿产中,约有 3/4 的储量十分丰富,足够满足我们长期的需要。但是,至少有 18 种经济上十分重要的矿产仅可短期供应,即使各国大力回收和回用。金、银、汞、铅、硫、锡、钨和锌都属于这一类紧缺矿产。不要陷入技术乐观主义而对此毫不在意,即使新的勘探技术有可能将现在的储量提高 5 倍,这些矿产也将在 2040 年或之前就消耗掉 80%。

六、中国矿产资源分布

中国矿产资源丰富,矿种比较齐全、配套程度较高的少数国家之一。截至 2021 年底,全国已发现 173 种矿产,其中,能源矿产 13 种,金属矿产 59 种,非金属矿产 95 种,水气矿产 6 种。2021 年中国地质勘查投资增长 11.6%,其中非油气矿产地质勘查投资自 2013 年以来首次实现正增长。2021 年全国新发现矿产地 95 处。

(一)能源矿产

能源矿产主要由煤炭、石油、天然气、页岩气、煤层气等组成。中国矿产资源分布情况如下(见图 6-2,表 6-1):石油、天然气主要分布在东北、华北和西北。煤主要分布在华北和西北。

1. 煤炭资源

中国煤炭储量居世界第一位。全国已探明的保有煤炭储量为 10000 亿 t,主要分布在华北、西北地区,以山西、陕西、内蒙古等省区的储量最为丰富。

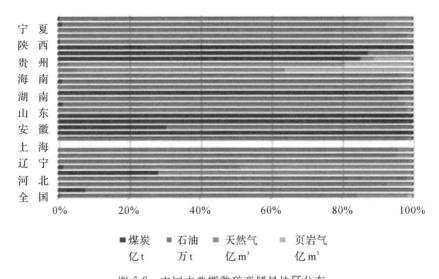

图 6-2　中国主要能源矿产储量地区分布

图来源:《中国矿产资源报告 2022》。

表 6-1　2021 年中国主要能源矿产储量

序号	矿产	单位	储量
1	煤炭	亿 t	2078.85
2	石油	亿 t	36.89
3	天然气	亿 m³	63392.67
4	煤油层	亿 m³	5440.62
5	页岩	亿 m³	3659.68

注:油气(石油、天然气、煤层气、页岩气)储量参照国家标准《油气矿产资源储量分类》(GB/T 19492—2020),为剩余探明技术可采储量;其他矿产储量参照国家标准《固体矿产资源储量分类》(GB/T 17766—2020),为证实储量与可信储量之和。

数据来源:《中国矿产资源报告 2022》。

2. 油气资源

主要蕴藏在西北地区,其次为东北、华北地区和东南沿海浅海大陆架。其中陆上石油资源量和天然气资源量分别占中国同类资源总量的 73.8% 和 78.4%,已形成松辽、渤海湾、塔里木、准格尔—吐鲁番、四川、陕甘宁等六个大型油气区。

(二)金属矿产

金属矿产主要由黑色金属矿产、有色金属矿产、贵金属矿产、稀有元素金属矿产和稀散元素金属矿产等组成。我国主要金属矿产分布情况见图 6-3。

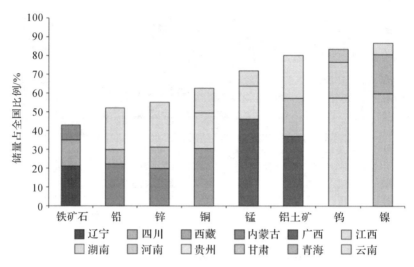

图 6-3　中国主要金属矿产储量地区分布

数据来源:《2021 年全国矿产资源储量统计表》。

我国黑色金属中,已探明储量的有铁、锰、钒、钛等,其中铁矿储量近 500 亿 t,主要分布在辽宁、河北、山西和四川等省。

凡是在世界上已发现的有色金属矿在中国均有分布。铜主要分布在西南、西北、华东。铅锌矿遍布全国。钨、锡、钼、锑、稀土矿主要分布在华南、华北。磷矿以华南为主。其中,稀土的储量占世界的 80% 左右,锑矿的储量占世界的 40%,钨矿的储量则为世界其他国家储量总和的 4 倍。

(三)非金属矿产

非金属矿产主要由冶金辅助原料非金属矿产、化工原料非金属矿产、建材及其他非金属矿产组成。我国主要非金属矿产储量地区分布见图 6-4。

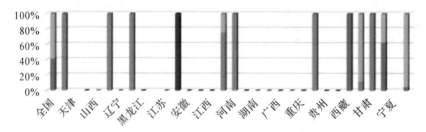

图 6-4　中国主要非金属矿产储量地区分布

图来源:《中国矿产资源报告 2022》。

冶金辅助原料非金属矿产中，已探明储量的有菱镁矿矿石、冶金用石英岩矿石、萤石等，其中菱镁矿储量近 6 亿 t，主要分布在辽宁和西藏等省区。

（四）水气矿产

水气矿产已探明储量的有二氧化碳气和硫化氢气。二氧化碳气主要分别在四川、黑龙江和吉林。硫化氢气主要分布在贵州和四川省。

专栏 6-1 什么是国家储备制？国家储存稀有金属，以备不时之需

资源贫乏的日本为了预防危机而实行"国家储备机制"。

国家储备机制是由"国家"与"民间"共同进行的。

日本的稀有金属几乎全依赖海外进口。其中多数进口来源都集中于部分区域或国家，因此，供给结构非常脆弱。

举例来说，日本的稀土金属近 90％ 自中国进口，如果中国中止出口，日本工业界短期之内便会陷入困境。为了避免出现这种状况，起初民间业者开始自行储备稀有金属。但从 1983 年起，日本开始实施国家储备制度，进行全国性储备。

在这项制度中，对于其中特别需要稳定供给的镍、铬、钨、钼、钴、锰、钒 7 种金属，都以国内消费量的 60 天为标准进行储备。

国家储备制度是"国家储备"与"民间储备"两者并行的。国家储备（国内消费量的 42 天）方面是由行政法人石油天然气·金属矿物资源机构所担当，民间储备（国内消费量 18 天）则是由民间业者担任储备的角色。

如果日本国内遭逢战争、内乱、矿山罢工等情况，导致供给量不足，便会实行"紧急释出"，提取储备的资源；如果遇到资源价格高涨，便会放出国家储备资源，以稳定价格，这种做法称为"高价时销售"；而针对供给稳定性已经提高的资源，便会实施"平时销售"，亦即在不让国家资源目标量减少至一半以下的条件下销售储备的资源。日本的国家储备资源便是以这 3 种方式释放的。

另外，日本石油的国家储备也是民间储备与国家储备两者并行，国家储备方面与稀有金属相同，都是在行政法人石油天然气·金属矿物资源机构的管理之下进行的。

资料来源：［日］资源问题研究会.世界资源真相和你想的不一样［M］.刘宗德译.北京：新世界出版社，2010：196-197.

第二节　矿产资源与人类利用

矿产资源是人类社会赖以生存和发展的重要物质基础。矿产资源供给了人类 95% 以上的能源,80% 以上的工业原料,70% 以上的农业生产原料,矿业支撑了我国 70% 以上的国民经济运转。不同时代对能源资源的需求会随着人类利用技术水平的提高而改变。矿物资源的开发、利用在促进人类文明发展过程所起的重要作用,甚至可以从人类制作生产工具的矿物材料的进步来划分为旧石器时代、新石器时代、青铜器时代、铁器时代,这都是以当时人们开发利用的主要矿产种类为特征。正是人类在适应自然、认识自然和改造自然的过程中,在发现矿产、认识矿产与开发利用矿产的过程中,促进了社会生产力的发展和人类文明的进步。

一、人类社会不同时期对矿产资源的利用

（一）石器时代矿产资源的利用

这个时期,人类对于矿产资源的使用主要还是以自然器物为主,体现在生产工具的制造使用上,石器的制作技术相对简单,主要是利用石片、石块等石料矿产制作石器工具来采集食物和抵御毒虫猛兽的袭击,没有对矿产资源的加工和利用。

从旧石器时代到新石器时代,石器技术呈现出越来越复杂的趋势,工具的种类也越来越多。例如,以手斧和薄刃斧等修型器物为特色的石器组合,表现出了人类有意识设计的理念,晚期手斧的两边对称性、高度标准化的特点,说明这一时期人类的认知能力有了明显进步。

另外以天然石料而制成的石斧、石质器皿,直到原始文明后期才出现了对黏土类矿产的利用,从而制造出了陶器。在这种生产力低下、依附于自然的生存方式的前提下,彼时人类社会的文明程度是不成熟且低级的。在原始时期人类眼中的大自然是"神圣不可侵犯的",它为人类提供了所需的栖身之所、为人类提供了所需的食物,提供了人类生存所需要的种种。也正因为这种依赖性,人类区别于其他动物的对于事物本质的追求认知,人类在这个时期对大自然是发自内心的尊敬和畏惧,也是期望与大自然和谐共处的愿景。

（二）青铜时代矿产资源的利用

世界各地进入青铜器时代有早有晚。距今大约 6000 年前,西亚居民掌握了炼铜技术,人类进入了青铜器时代。中国是世界上铁器和青铜器发明最早的地

区之一。中国青铜器时代和早期铁器时代的青铜艺术品,显示了绵延 1500 多年的中国青铜器的萌生、发展和变化的历史。

中国金属矿产开发利用的历史:到了夏代晚期,进入了青铜器时代。随后,商代是青铜器极盛的时代,当时青铜手工业已经发展到了相当高的程度。据铜绿山古矿遗址和冶铜遗址的发掘,可以看出我国早在春秋时代就已经有了相当发达的采矿技术。例如,锌开始冶炼在明代宣德年间(公元 1426—1435 年)已大量生产金属锌。

(三)铁器时代的矿产资源利用

农耕时期的开始无疑是铁器时代。随着铁矿资源的发现和利用,以及人类冶炼技术的成熟,铁质农具成为广泛使用的劳动工具,极大地提高了人类的生产力,为人类影响自然提供了可能。人类此时面对自然依然是弱小的,对于自然科学所能掌握和运用的东西非常有限,铁器虽然代替铜质器具被广泛应用,却并不能代表人类对矿产资源的利用程度有了多么大的提高。对于矿产资源的开发利用,主要集中在煤矿、铁矿、铜矿等几种单一的、需要冶炼技术相对较低的矿产资源,对它们的开发利用依然处于初级、低效的阶段。因为生产工具的改善,耕地变多、畜牧种类增加,生产力相对得到了极大的提高,人类存活的可能亦大大增加,人口数量急剧增长。人类因为生产力的关系,改变了以往的游牧习性,固定的聚落出现使得社会集体意识变强,逐渐出现相对一致的观念、认知趋向。同时因为地域、气候、环境等生存条件的差异,而形成了不尽相同的观念,空间差异性日渐明晰。

专栏 6-2 铁器和青铜时代起源及其权力形态

考古发现表明,中国使用铁器的历史至少可追溯至商代中期,当时已出现陨铁制品。考古学者发现了公元前 9 世纪前后的块炼铁,并随之出土块炼渗碳钢。公元前 7 世纪前后有了液态生铁冶炼技术,公元前 5 世纪前后有了铸铁脱碳技术,公元前 4 世纪前后出现淬火技术。

因此,中国铁器技术的提高是一个不断发展的过程。但是,铁器的大规模出现,包括各种全铁产品——从普通农具到一般兵器,还是在春秋战国之交,这里就产生一个问题,铁器时代起源究竟是指最早的铁的应用还是指炼铁技术的出现?或指铁器广泛应用所带来的社会变迁?如何理解铁器技术革新与社会变迁之间的关系?

考古发现中国青铜时代已有浇铸技术,铁矿较之铜矿更容易得到,铜铁共生矿亦多，古人在炼铜时可能已发现了铁。因此，对华夏先民而言，铁的冶炼在技术上来说并不是问题。尽管早期的块炼铁杂质多，硬度不如青铜，但是不久就有了渗碳钢技术，克服了这个缺点。因此，阻止铁器大规模应用的真正问题应该不是技术本身，而在技术之外，即社会关系与意识形态的障碍。

换句话说，中国铁器时代替代青铜时代应该不是指技术上的尝试，而是与社会变迁相关联的产业应用。与世界其他文明相比，中国的青铜技术发展程度非常高，熔炼浇铸大型器物与采用失蜡法铸造复杂纹饰就是标志性成就。

从另一个角度来说，青铜早已渗透到当时社会不同层面的结构组织当中。所谓"国之大事，在祀与戎"，制造礼器与兵器是青铜的主要用途；青铜还被用于经济贸易，作为通货；还有部分用作实用工具。

简言之，青铜已经融入当时社会的权力结构与社会生活运作，这是可见的方面。不可见但可推知的是，青铜可能是当时古人衡量价值的尺度，类似现代人用金钱来衡量物品与服务的价值，青铜在当时华夏先民意识形态建构中的重要地位是其他器物无法比拟的。

由此，全面取代青铜的垄断地位，绝不仅仅因为铁器廉价易得、坚韧耐用就能够实现。没有社会的全面变革，要建立一个堪称"铁器时代"的历史阶段是不可能的。

铁器时代崛起的标志是以青铜器为中心的礼制体系的崩溃，青铜器作为兵器的作用也为钢铁所取代。青铜器从社会政治权力中心退出，更多成为文化传统的载体，以及作为经济交易的通货单位，融入新的社会体系之中。

因此，铁器时代取代青铜时代，本质上是一种社会政治意义上的变革。当然，推动变革的是铁器代表的新生产力的崛起，以及生产关系的调整。相对于青铜而言，铁的物性是平实的、效用的、普遍的，还是"叛逆"于旧礼制体系的，它打破了以血缘贵族为中心的社会政治体系，开启了一个讲究事功的新时代。

资料来源：三生有财说.铁器和青铜时代起源及其权力形态[EB/OL].（2022-08-17）[2023-7-16]. https：//baijiahao. baidu. com/s？ id＝1741393472478381982＆wfr＝spider＆for＝pc.

（四）工业时代对矿产资源的利用

工业革命源于技术革命。重大技术创新首先应用于几个先导性产业部门，然后逐渐向其他产业部门扩散,推动产业结构发生变革:一些新的经济部门或新业态应运而生,形成新兴产业;一些产业应用新技术或者提高生产效率或者形成新生产模式,推动原有产业升级;一些产业难以适应新技术变革的竞争,导致原有产业发生萎缩。随着产业结构变革,产业发展所需的自然资源随之发生变化:自然界一些物质由于新技术应用与新产业兴起,成为新兴资源;一些自然资源由于产业升级,消费量增长;一些自然资源由于原有产业萎缩,消费量减少。随着资源需求结构变化,资源产业将不断调整。由此可见,工业革命驱动资源需求演变的链条可概化为三个环节:重大技术创新引发技术革命;技术革命推动产业变革;产业变革推动资源需求变化(见图 6-5)。

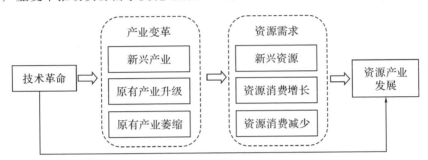

图 6-5　工业革命对资源需求演变及资源产业影响示意图

图来源(杨建锋等,2020)。

工业革命有三次,分别是:第一次工业革命(18 世纪 60 年代—19 世纪中期)以蒸汽机为代表。第二次工业革命(19 世纪下半叶—20 世纪初)以电力为代表。第三次工业革命(20 世纪四五十年代到现在)以计算机为代表的信息技术。

第一次工业革命是指 18 世纪从英国发起的技术革命,是技术发展史上的一次巨大革命,开创了以机器代替手工劳动的时代。这不仅是一次技术改革,更是一场深刻的社会变革。第一次工业革命是以工作机的诞生开始的,以蒸汽机作为动力机被广泛使用为标志。第一次工业革命使工厂制代替手工工场,用机器代替手工劳动。蒸汽机的推广应用引发了动力革命,煤炭资源需求快速增长。1800 年美国煤炭产量不到 10 万 t,到 1860 年迅速增加到 1752 万 t,增长了 180 倍,年均增长 9.3%。以第一次工业革命为转折点,人类能源消费发生了革命性变化,之前作为能源消费主要来源的木柴不断被煤炭所替代。

第二次工业革命是指 19 世纪中期,欧洲主要国家和美国、日本的资产阶级革命或改革的完成,促进了经济的发展。19 世纪 70 年代开始第二次工业革命,以电力、内燃机技术为核心的技术发明是第二次工业革命的标志。1866 年德国发明发电机技术,1879 年美国发明实用白炽电灯,1882 年建立第一座商业发电站,1886 年成立公司制造变压器和交流发电机。德国实现了内燃机技术和汽车制造技术。

炼油技术炼出为内燃机提供动力的汽油,推动了石油工业与化学工业的发展。原有的冶金、机器制造、交通运输等产业随着技术变革加速发展。轮船、汽车、铁路等运输产业的发展和机器制造业的规模扩大,刺激了钢铁工业的发展。能源方面,煤炭消费继续快速增长,石油、天然气消费开始兴起。煤炭采掘业和石油采炼业快速发展。金属方面,黑色金属消费增速加快,部分有色金属消费开始兴起。钢铁工业快速发展,生铁产量增速加快。

第三次工业革命首先于 20 世纪 40 年代在美国发生,以电子计算机、自动控制、原子能、航天等新技术的发明为标志,已有的技术继续快速发展、集成和应用。随着传统产业的飞速发展和新兴产业的兴起,自然资源消费快速增加,自然资源开发进入"大加速"时期。能源方面,石油、天然气消费量大幅增加,并先后超过煤炭,成为能源供给的主力,核能作为新兴能源在 20 世纪 50 年代末开始进入人类生活。金属方面,这个时期绝大多数矿种进入到工业应用,但消费增长趋势出现分化。黑色金属(钢铁、锰、铬等)和有色金属(锡、汞等)消费量经历快速增长后波动下行;铜、铅、锌、锑等金属消费量持续增长。

资源需求演变特征,每次工业革命,由不同的主导技术驱动,发展兴起一批新兴产业,带动不同的资源需求快速增长,可以总结出以下资源需求演变特征。(1)三次工业革命主要依靠化石燃料为动力,但是化石燃料消费增速不断下降,第三次工业革命之后经济增长与化石燃料消费增长逐渐脱钩。能源消费中化石燃料比例和化石燃料消费量二者持续下降的趋势表明,大约在进入 21 世纪之后,新的技术变革可能驱动了新的能源供给在不断成长。(2)随着历次工业革命推进,产业结构发生重大变革,越来越多金属进入消费,金属消费趋势出现分化。第一次工业革命,产业结构以轻纺工业为主,仅有钢铁消费量出现快速增长。第二次工业革命,产业结构由轻工业为主转向重工业,黑色金属中的镁、铁,有色金属中的铜、铅、锌、锑、锡、汞,贵金属中的金、银等消费量快速增长。第三次工业革命,产业结构由劳动密集型产业为主转向技术密集型产业为主,绝大多数金属得到了开发利用,但消费量变化趋势表现有所不同:铁、锰、铬等黑色金属,铜、铅、锌、锑、锡、汞、铝、镁、镍等有色金属,金等贵金属消费增长出现峰值,在峰值期之后缓慢下行;其他金属相对晚一些进入工业经济,消费量一直保持增长或波动变化趋势,尚未出现峰值。(3)部分出现消费峰值的金属,其消费量虽然呈缓慢下行趋势,但是从消费历史看仍然处在中—高位水平。例如,生铁、锰金属,有色金属更为明显。其原因在于,虽然在工业化完成后第三产业超过第二产业成为社会经济增长的主要源泉,但是以制造业为主体的实体经济依然是经济发展的基石,具有不可动摇的地位。实体经济的发展需要相当数量的金属消费予以支撑。

二、矿产资源的生产、生活利用

能源包括燃料型能源(煤炭、石油、天然气、泥炭、木材)和非燃料型能源(水能、风能、地热能、海洋能)。人类利用自己体力以外的能源是从用火开始的,最早的燃料是木材,以后用各种化石燃料,如煤炭、石油、天然气、泥炭等。现正研究开发和利用的有太阳能、地热能、风能、潮汐能等新能源。当前化石燃料消耗量很大,而且地球上这些燃料的储量有限。未来铀和钍能提供世界所需的大部分能量。一旦控制核聚变的技术问题得到解决,人类实际上将获得无尽的能源。

(一)我国能源矿产生产与消费

据《中国矿产资源报告 2022》显示,能源生产增速加快。2021 年一次能源生产总量为 43.3 亿 t 标准煤,比上年增长 6.2%。能源生产结构中煤炭占 67.0%,石油占 6.6%,天然气占 6.1%,水电、核电、风电、光电等非化石能源占 20.3%。能源消费总量为 52.4 亿 t 标准煤,增长 5.2%,能源自给率为 82.6%。

中国能源消费结构不断改善。2021 年煤炭消费占一次能源消费总量的比重为 56.0%,石油占 18.5%,天然气占 8.9%,水电、核电、风电等非化石能源占 16.6%。与十年前相比,煤炭消费占能源消费比重下降了 14.2 个百分点,水电、核电、风电等非化石能源比重提高了 8.2 个百分点(图 6-6)。

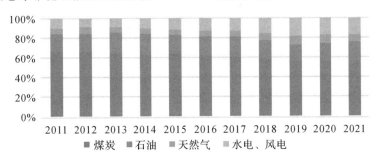

图 6-6 中国一次能源消费结构变化

图来源:《中国矿产资源报告 2022》。

2021 年煤炭产量为 41.3 亿 t,比上年增长 5.7%,消费量 42.3 亿 t,增长 4.6%。

石油产量 1.99 亿 t,增长 2.1%(图 6-7),消费量 7.2 亿 t,增长 4.1%。天然气产量 2075.8 亿 m³,增长 7.8%,消费量 3690 亿 m³,增长 12.5%。

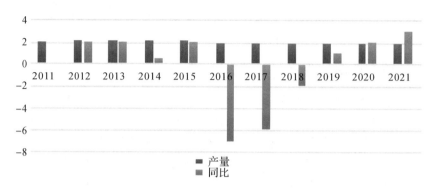

图 6-7　中国原油产量及变化

图来源:《中国矿产资源报告 2022》。

(二)工业血液——石油

英文 petroleum 一词源于希腊文 petra(岩石)和拉丁文 oleum(油),意指岩石中的油。最初人类发现和使用的石油是由于自然环境变迁而偶然涌出地表的,人们多采用从水面上捞起或者是将麻布或毯子浸入带油的水中,然后再拧出来的方法获得石油。

人类使用钻井技术来大量开采地下石油是在 19 世纪中叶的美国。1859 年 8 月底,埃德温·德瑞克在美国的宾夕法尼亚州成功钻成世界上第一口油井之后,石油开始进入人类的现代化文明当中。石油的重要性在第一次世界大战中充分体现,所以一战结束后,当时的法国石油总委员会主席贝朗热参议员便说:石油是"大地之血","胜利之血",并预言,石油既是战争的血脉,也会成为和平的血脉。他的预言被历史事实证实了。

石油不仅是商家争夺的热点,而且也逐渐成为国际政治和国际关系中颇具影响力的因素之一。石油等于权力的等式,已在第一次世界大战的战场上得到证实。在那次冲突之中开创了石油公司和民族国家之间关系上的新纪元。如果说石油是权力,那么,它也是主权的象征。这不可避免地意味着石油公司的目标与民族国家的利益发生了冲突,这种冲突将成为国际政治之中长期存在的特征。

三、中国矿产资源开发利用现状

我国目前正处于工业化发展中期,矿产资源消耗量大,且消耗速度快,而基础设施建设尚不完备,伴随着工业化、城市化建设快速推进,经济结构和经济增长方式对矿产资源的依赖程度比工业化前期更强,经济快速增长仍需要矿产资源的大量消耗来支撑,而这种趋势在相当长一段时期内难以发生根本性转变。就中国的国情和矿产资源现状来看,我国矿产资源发展的趋势呈现以下几个特点:

（一）矿产资源丰富，但开发利用难度较大

我国是一个矿产资源大国，矿产种类丰富、总量较大，但人均占有量偏低，这是我国矿产资源一大显著特点。我国矿产资源总探明储量约占世界的12％，仅次于美国和俄罗斯，居世界第三位。其中，钨、萤石储量全球占比超75％，在国际市场具有绝对优势；铅、锌、磷等矿产储量位居世界第二。我国人均矿产资源占有量仅为世界平均水平的58％，位列世界50名之后。我国一些用量较少但在国际上具有战略地位的优势矿产资源，例如钨、锡、锑、钼等。我国石油、铁、铜、天然气等大宗矿产与能源矿产储量不足，依赖进口。石墨、稀土作为我国战略性新兴矿产和世界关键矿产，其产量和储量在国际市场上占据重要地位。总之，我国矿产资源储量结构呈现"三少三多"的特点：储量、基础储量少，资源量多；经济可利用的资源储量少，经济可利用性差或经济意义未确定的资源储量多；探明的资源储量少，控制的和推断的资源储量多。此外，长期以来我国矿业面临着产业升级的挑战。

此外，我国矿产资源查明率较低，可采资源储量大，具有巨大潜力。但我国贫矿较多、富矿较少，开发利用难度较大；大型、超大型矿床较少，使得大规模集约化开发难以实现；共、伴生矿多，单矿种较少，增加了开发难度，减少了开发利用的规模。截至2019年底，除个别矿种外，我国主要战略性矿产资源储量较2018年均实现了较大增长，特别是天然气（3％）、页岩气（77.8％）、铅矿（6.7％）、锌矿（6.8％）、铝土矿（5.7％）、钼矿（5.4％）、菱镁矿（12.9％）、石墨（21.4％）等矿产资源储量增幅明显，但因生态保护区划定等原因使得矿产资源开采受限，矿产资源储量大打折扣。在矿产资源开发利用技术有限的条件下，尽管我国拥有丰富的矿产资源存量，但如何充分发掘其经济效益，仍是一个需要深入探索和研究的问题。

（二）矿产品对外依存度较大，供需形势严峻

我国主要矿产资源供需缺口较大，对外依存度高。根据《中国矿产资源报告2020》，我国石油、天然气、铁矿石和铜精矿对外依存度分别为73％、43％、81.6％和75.8％，石油、天然气供需缺口分别为5.4×10^8t、1365.2×10^8m³。近5年来，煤炭、原油、天然气、铁矿石、铜精矿、铝土矿及氧化铝占全国矿产品进口总额的比例均在80％及以上。2019年，我国矿产品进口总金额为5193.5亿美元，其中，煤炭、原油、天然气、铁矿石、铜精矿、铝土矿及氧化铝进口金额合计4475.8亿美元，占矿产品进口总额的比重达86.2％。铜、铝、铅、锌等大宗矿产供需缺口加大，铜矿的供需缺口达350×10^4t左右，进口成为其主要来源。关键矿产资源大量依靠进口，大宗支柱性矿产产量不足、品位较低且多共生伴生矿，加大了国家资源安全保障难度。

此外,我国矿产资源需求状况由"普涨"转变为"分异":我国能源需求将在 2030 年前后到达峰值,重要矿产资源需求将在 2025 年前后陆续到达拐点;受生态环境保护压力及我国经济结构转型升级的影响,煤炭需求增速将进一步放缓,铝、镍、铅、钨等矿产需求峰值将陆续到来,同时,石油、天然气、铀等清洁能源需求将持续增长;随着战略性新兴产业的异军突起,铍、锶、锗、镓、铟等战略性新兴矿产及国防军工矿产的需求将保持长期持续增长态势。有研究表明,铜、铝、铅、锌等多数大宗矿产将在 2025 年前陆续到达需求峰值,其中,铜需求峰值预计出现在 2024 年;新能源汽车产业的发展将推动对锂、钴、镍、石墨、稀土和铂 6 种最为关键矿产的需求激增,预计到 2035 年将分别增加 1000%、230%、150%、270%、80% 和 69%。人均能源消费与人均 GDP 在总体上呈近线性增长关系。我国正处于工业化发展中期,无论是基础设施完备程度、社会财富积累水平,还是经济结构和城市化率,与先期工业化国家相比都有很大的差距,经济高速增长依赖能源和矿产资源大量、快速耗费来支撑的趋势短期内难以改变,加之国内部分矿产资源储量下降,使得国内矿产资源供需形势更加严峻,供需缺口进一步加大,矿产资源的供需矛盾日益尖锐。

(三)国际矿产品市场竞争激烈,"走出去"面临挑战

目前,国际矿产品市场竞争激烈,由于全球矿产资源分布不均,使得世界各国纷纷将目光转向了海外市场,尤其是发达国家,对于国际矿产资源的争夺活动持续进行。"两种资源,两种市场"作为我国资源战略依托,推动了我国矿产资源"走出去"进程,但由于全球矿产资源和矿产品市场的垄断格局已经形成,我国矿产资源"走出去"举步维艰。目前,世界前八家跨国矿业公司拥有全球矿业资本市场 75% 份额,控制着世界大部分的金属矿资源;全球排名前五到十位的跨国矿业公司,占有全球铁、铜、铝、锌 50% 以上的储量和产量;巴西、澳大利亚、印度三个国家占世界铁矿石产量的 60%,占世界铁矿石贸易量的 90%。这给我国"走出去"战略带来了极大挑战。此外,我国重要矿产进口来源国较单一,主要来自澳大利亚、俄罗斯、印度尼西亚、加拿大等国家,不利于分散我国矿产资源安全风险,一旦供应切断,我国将面临巨大缺口,对我国国家安全造成重大威胁。

专栏 6-3　资源总量第四,75% 要进口,中国铁矿为何不进行国内开发?

谁能想到,从来都以"地大物博"闻名全球的中国,居然缺铁?

其实说缺也并非完全没有,我国的山河万里绵延,每年也能开采出一定数量的生铁。国家统计局的统计数据显示:2022 年 6 月这一个月

内,中国的生铁产量达到了 0.8 亿 t;2022 年 1—6 月,我国的生铁产量为 4.4 亿 t。

从我国可以开采出来的生铁数量来看,好像也不算很少,毕竟能开采出来的生铁数量都是以"亿吨"为单位。事实的确也如此,据 2021 年中国矿产资源报告统计,中国铁矿储量有 108.78 亿 t,居世界第四位。

缺铁居然如此严重?(从人口和铁矿品质角度)

1.人口多,需求大。虽然中国国土面积在世界排名上,位列第三,但我国也是人口最多的发展中国家。尽管铁矿产量并不算少,但奈何作为一个正在快速现代化的国家,人口多,需求量也大。

我们借鉴 2021 年中国矿产资源报告,对铁矿石问题进行统计分析。

2021 年中国的铁矿石表现消费量为 14.2 亿 t,而在国家统计局的统计中,2021 年我国铁矿石产量仅为 98052.8 万 t。在 2021 年全年中,中国累计进口铁矿石为 11.24 亿 t。如果仅依靠我国国内的铁矿产量,只能满足国内对铁矿石需求的 1/10 不到。

近 15 年来,中国每年的进口铁矿数量均超过 10 亿 t。这意味着,中国每年所需的铁矿石,平均对外依存度高达 75%。而在 2016—2020 年这段时间内,铁矿石的对外依存度更是突破了 80%。

2021 年用于进口铁矿的金额为 11.942 亿元,2020 年的进口金额为 8.229 亿元⋯⋯流水一样的钱花在了铁矿石的进口上,我国的铁矿石形势十分严峻。

2.富矿贫铁,有苦说不出。矿石品位是指矿石中的有用成分或有用矿物的含量,是矿石和选矿产品的主要质量指标,直接影响选矿效率,大多数矿产以有用成分(元素或化合物)或有用矿物含量的质量百分比(%)表示。

简单来说,就是用矿石品位作为一个矿石质量的评判标准,与矿石的运用价值关系很大。按品位可以将矿石分为富矿、普通矿与贫矿三种。对于铁矿而言,品位在 50% 以上的就称为富矿,品位在 30% 以下的就称为贫矿,在其余范围内的就称为普通铁矿。

现下全世界铁矿石的平均品位约为 49%,而中国的铁矿石品位却只有 34% 左右,低于世界铁矿石平均品位 11 个百分点。

这就是为何我国铁矿储量丰富,但却需要大量依靠进口的"难言之隐"。

而中国的贫铁矿数量占铁矿总储量的 94.6%,而含铁量大于 50%

的富铁矿仅占总量的 2.3%,仅有 10.02 亿 t,有的甚至不具备开采的经济价值。

中国铁矿石资源质量不高,其矿石大都以细粒条带状、鲕状及分散点状结构存在,甚至呈显微细粒结构。有些是多金属共生复合矿床,一些有价矿物往往需细磨至 200 目占 90% 才能单体分离,给选别等作业带来了难度。在开发过程中消耗大宗能量的同时,也给环境带来了污染。

这也就是为何我国明明有这么多铁矿储备,但同等重量的原矿石经由相同分选流程后,产出的铁元素却不及进口矿石。

资料来源:科普启示录.资源总量第四,75%要进口,中国铁矿为何不进行国内开发?[EB/OL].(2022-10-05)[2023-04-03].https://3g.163.com/dy/article/HISH160L0532IGCR.html.

第三节 矿产资源开发利用与管理中的问题

矿产资源是自然资源的重要组成部分,也是社会经济建设和发展的重要物质基础,一个国家的矿产资源状况,对该国经济建设的方针、布局、规模和速度起着决定性作用。同样,矿产资源在人类社会中具有极其重要的地位和作用,主要可以表现为:(1)人类是在开发利用矿产过程中诞生与发展起来的;(2)矿产是人类生活资料的重要来源;(3)矿产资源是现代化建设的重要物质基础;(4)矿产资源是国际事务中的重要手段。因此,如何合理充分地开发利用矿产资源,使其发挥最大的经济效益,对国民经济的发展有重要意义。

我国矿产资源在节约与综合利用中,呈现以下趋势:(1)主要矿山开采品位逐年降低;(2)难选冶矿产不断增加,选矿回收水平总体向好;(3)共伴生矿产利用水平向好;(4)尾矿和矿山废石利用逐年增长。但矿产资源在利用中也遭遇许多问题和挑战。

一、矿产资源安全问题

党的二十大指出,增强维护国家安全能力,坚定维护国家政权安全、制度安全、意识形态安全,确保粮食、能源资源、重要产业链供应链安全,维护我国公民、法人在海外合法权益,筑牢国家安全人民防线。矿产资源支撑着我国现代经济体系建设和经济转型、腾飞、跨越发展,至少在"十四五"和"十五五"期间,我国矿产资源消费总量仍将持续增长。我国作为全球第一大矿产资源消费国,当前石油、铁、铜、镍、钴等紧缺战略性矿产品供应"大头在外"的格局没有改变。中国矿产资源储量家底薄弱,主要矿产资源储量增长乏力、品质下降的趋势没有变。中国石油、铁矿石、铜精矿等紧缺战略性矿产品,长期依赖进口的格局没有变。全球矿产资源竞争加剧和部分资源富裕国矿业政策收紧,利用境外资源的被动局面没有变。

基于前述的"四不变",从资源禀赋及需求情形看,我国油气、铁、铜、镍等矿产国内保障能力偏低。2008 年金融危机对全球经济的影响仍未完全消除,叠加国家经济政策迥异,以及金融资本渗入矿产品市场等多种因素影响,使得百年未有之大变局下我国矿产资源安全风险持续上升,主要表现在,一是全球资源问题政治化和境外办矿标准提升,增加了境外资源供应的不确定性风险。二是突发全球公共卫生事件和部分资源国政局不稳与局部战争等,增加了境外资源供应的潜在危机。三是主要矿产品价格金融化,增加了境外资源供应的经济风险。四是新能源矿产品需求快速增加,部分矿产品因供应能力受限引发市场供需失衡,增加了能源转型延迟或代价更大的经济风险。五是能源危机全球蔓延,增加了保供取暖和相关产业发展的供应压力。六是美欧更加重视矿产资源安全,在完善矿产资源供应链体系建设后,打击中国海外矿产资源投资与进口的可能性在增加。

二、矿产资源开发过程中造成的资源浪费与环境污染现象突出

矿产资源综合利用率低,资源浪费现象较突出。现阶段,我国矿产资源开发利用水平有所提升,但发展不均衡不充分,矿山建设水平参差不齐。据国家发改委环资司发布的消息,"十三五"时期,我国矿业规模结构得到显著优化,矿山数量从 8.4 万个减少到 5.8 万个,大中型矿山比例从 11.6％提高到 18％,共建设国家级绿色矿山 1100 余家。中石油、中石化、中海油、中国铝业、中国五矿等一批大型企业已跻身世界最大的资源型矿业企业行列,白云鄂博铁稀土矿、攀枝花钒钛磁铁矿、贵州瓮福磷矿等矿山综合利用水平已达到世界先进水平,但一些老矿山和中小型矿山依然存在科技创新能力不强、优势矿产未能充分发挥资源效益,矿产资源粗放利用、矿山环境问题突出等情况。此外,二次资源的回收利用率低使得大量有价元素及可利用的非金属矿物遗留在固体废弃物中,在矿产资源大量浪费的同时也造成了经济损失。《中国矿产资源节约与综合利用报告(2015)》显示,我国尾矿和废石累计堆存量目前已接近 600 亿 t,其中尾矿堆存 146 亿 t,83％为铁矿、铜矿、金矿开采形成的尾矿;废石堆存 438 亿 t,75％为煤矸石和铁铜开采产生的废石。煤矸石利用率约 62％,粉煤灰利用率 68％,铁矿

废石利用率不及年度新增的 2 成,铜矿废石利用率尚不足 4%。

在我国矿山破坏土地的总面积中,约 59% 是由于采矿形成的采空区而遭到破坏的,20% 被露天废石堆占据,13% 被尾矿库占据,5% 被地下采出的废石堆所占用,3% 处于塌陷危险区。其中,尾矿和废石堆占到了总数的 38%。固体废弃物大量堆存除了造成诸多土地利用、地质环境、生态环保等问题外,更是重大工程与地质灾害的事故源,也对环境造成其他影响。(1)矿产资源利用造成地面沉降。地下矿产的开采,特别是在开采一些软岩,如煤炭、高岭土、膨润土时,造成了较为严重的地面沉降。依据中国煤炭工业领域的统计数据,连续五年开采的煤矿区都出现了严重不均匀的地面沉降,这些不均匀的地面沉降可能导致地表建筑物开裂,甚至倒塌,大面积的积水以及公路破坏等。(2)影响地下水资源环境。一方面,破坏地下土壤结构,造成地下水流失和水源供应不足;另一方面,污染部分水资源。例如,开采硫化物矿产,会造成地下水和地表水的硫化物含量明显增加,从而导致水因含有过量的砷、铅、铜而不能被利用。(3)影响大气质量。一方面,采矿过程中运用的炸药和摧毁地球物质产生的粉尘会污染空气,另一方面,矿石开采过程中,矿层之间存在的有害气体会被释放出来而污染空气(如煤气、附带气体等)。在矿物的使用当中还造成了其他环境污染的问题,如酸雨、重金属污染等问题。

三、开发技术落后,深加工不够,综合利用率和附加值低

中国目前还有许多小矿在采用最原始的手工挖矿的采矿方法。国有企业工艺落后的现象也很严重,如中国国有重点煤矿采煤机械化程度比世界主要采煤国低 20%。生产技术的落后直接导致废物产出多,综合利用率低,而综合利用程度最差的是尾矿。用于炼焦的焦煤由于利用精细化程度不高,只被一次利用,甚至炼焦后产生的焦炉煤气由于不能循环利用就被直接排空。中国矿业产品的高科技含量及附加值相对较低,资源开发所得产品还是以初级产品较多、深加工产品少,优势资源的利用价值没有得到应有的发挥,造成很大的资源浪费,资源优势没有转化为经济优势。例如,中国钨的深加工产品在品种规格、质量、档次、应用各方面都尚难与国外先进国家相抗衡。锑、稀土也是这样,深加工产品比重不到 15%。受加工技术水准和消费应用领域的限制,中国优势矿种深加工不够、附加值不高。

四、监督治理不到位,矿产资源开采秩序及市场竞争混乱

尽管自然资源部和各地相关部门一直致力于整顿和规范矿产资源开发秩序,并取得一定成效,但一些探矿权人不履行法定义务,以"跑马圈地""圈而不

探""以采代探"等方式越界开采或非法炒卖矿业权;一些地方无证勘察,私挖滥采;一些地方越权审批资源,袒护落后企业,甚至出现官商勾结、权钱交易、牟取暴利的情况。甚至于一些优势矿产资源还出现了恶性竞争和走私等现象。以稀土为例,自 20 世纪 80 年代以来中国就开始大规模开采、加工稀土,然而大大小小的厂家都去开矿加工,违规开采,争相压价。据统计,2011 年中国从事稀土矿产开采、分离的生产企业有 169 家,其中 20 余家拥有出口配额,一些企业用"非阳光"的方法将稀土销往国外,走私量接近实际出口量的 1/3。国内无序竞争和走私造成稀土低价出口,优势资源没有取得应有的经济效益。此外,由于中国大多矿业企业都位处偏远山区,监管机构对采矿企业管理监控存在着困难,加之监管机构自身存在多头管理、权责不明、遇事相互推诿等问题,给一些不法企业提供了可乘之机,造成严重滥采浪费现象和矿山安全问题。

五、矿产资源节约与综合利用的监管难度大

一是大多数矿产埋藏于地下,赋存状况复杂,加之地质调查和矿产勘查发现存在渐进性特点,使得采矿工作存在很多不确定因素,在矿产资源开发利用方案中科学设定"三率"指标较为困难,特别是对于回采率。二是现有"三率"标准由于评价指标、评价程序和政策实施主体的不明确,导致操作性差。三是部分地方管理部门重审批轻监管现象还时有存在,监管还停留在矿山企业自行填报报表上,数据真实准确性难以评估,缺乏有效监管措施。四是由于专业人才、技术装备缺乏,加之矿山企业数量众多,导致监管乏力。五是社会参与和监管机制缺失,包括对矿山企业的矿产资源节约与综合利用工作开展情况,以及矿产资源节约与综合利用工程项目财政经费的使用情况等。

第四节 矿产资源的可持续利用

矿产资源是人类赖以生存和发展的物质基础和能量来源,是国家的宝贵财富,具有开采后不能再生的特点。另外,资源消耗速率的稍微增加,都可能导致每年总消耗量的大大增加。例如,一个寿命 10 亿年的资源在消耗量年增长率3%的情况下只可支撑 580 年。所以资源的可持续利用是矿产资源的唯一出路。早在 1965 年,国务院就批转了《矿产资源保护试行条例》,将矿产资源保护纳入了法制层面。现行法律中,《宪法》第九条规定"禁止任何组织或者个人用任何手段侵占或者破坏自然资源",《刑法》设有非法采矿罪和破坏性采矿罪,《矿产资源法》将"加强矿产资源的勘查、开发利用和保护工作"作为立法目的,"国家规定实

行保护性开采的特定矿种""对国民经济具有重要价值的矿区"等法律概念的提出,均蕴含了资源保护的思想。《国民经济和社会发展第十四个五年规划和2035年远景目标纲要》明确提出"提高矿产资源开发保护水平",再次将矿产资源保护上升到国家层面。

一、矿产资源可持续利用理论基础

一是坚持绿色发展的理念。实现绿色发展是我国在科学把握生态文明建设阶段性特征、深刻认识我国经济社会发展规律的基础上提出的治国理政新理念、新战略,是我国进入新时代从源头上破解资源环境瓶颈约束、提高发展质量、形成人与自然和谐发展的必由之路,是满足新时代人民对干净饮水、清新空气、优美环境新期待的必然要求。新中国成立以来,矿业作为国民经济发展的基础性产业,得到了党和国家的高度重视,为经济社会发展提供了大量的能源、原材料等生产、生活资料,发挥了重要且不可替代的资源保障作用,但同时在快速发展的进程中也出现了过度开发、利用粗放、污染环境、破坏生态等突出问题。这些问题的存在,既不符合新时代绿色发展、高质量发展要求,也自然会阻碍矿业的可持续发展。可以说,实现绿色发展,是中央的战略、时代的要求、发展的需要、人民的期待,势在必行,不可逆转,丝毫不可动摇。今后的矿业发展必须牢固树立保护生态、绿色发展的意识,坚决摒弃以牺牲环境为代价的传统矿业发展模式。

二是坚持资源节约的战略。节约资源一直是我国的基本国策,要大力节约集约利用资源,推动资源利用方式根本转变。党的十九届四中全会再次强调,要继续坚持这一基本国策,并坚持节约优先、保护优先的方针,全面建立资源高效利用制度。这些要求为我们确立和实施资源节约战略指明了方向、提出了要求。节约和高效利用资源,是由我国资源相对缺乏、资源需求巨大的资源国情所决定的。珍惜爱护资源是我们的必由之路,浪费资源既会制约未来发展,也是对子孙后代的不负责任。从现实情况看,无论是理念意识,还是实际行动,节约资源的基本国策落实得并不理想,资源浪费和低效利用现象随处可见、十分严重。譬如,制订产业政策时缺乏对矿产资源国情的考虑,毫无限制甚至鼓励发展矿产资源消耗高的产业;建设"高大上"的基础设施和民用建筑,一味追求"高大上"的华丽和气派,背离了实用和节约原则;矿产资源开发中采富弃贫和综合利用率低的问题依然严重;政府、企业、公众的资源节约意识淡薄、忧患意识缺乏;资源节约的制度体系不完善、约束力不强等。因此,要把矿产资源节约利用真正上升到国家战略高度,使其真正成为一项重要的基本国策,长期坚持,全面落实;要全面加强资源国情的宣传教育,增强公民的资源忧患意识、节约意识,在全社会形成节约资源的高度共识和良好氛围;要进一步完善矿产资源法律制度,建立健全节约资源的制度体系;要依靠科技进步,全面提高资源利用效率,合理利用和保护资源;要加快矿业转型升级,走内涵式、节约型的高质量发展路子。

二、矿业发展与生态系统辩证关系的再认识

(一)生态系统与矿业活动

生态系统是在一定空间范围内生物和环境所形成的统一整体。矿产资源与水、空气等一样都是生态系统非生物无机环境的组成,是生物特别是人类生存不可或缺的重要物质基础。

在人工生态系统中,矿业活动具有生产者属性,像农业一样具有基础性作用。矿业主要作用在岩石圈层,通过开采矿物原料及加工形成矿产品,为人类生存和社会发展提供所必需的能源和原材料,实现生态系统服务中的产品供给功能。我国已成为世界最大的矿产资源生产国、消费国和进口国,年矿石开采量超过 300 亿吨,且已形成了完整的矿业产业体系。从中长期来看,矿业的产品供给服务功能不会减弱,煤炭、铁、铝、钾盐等化石能源与大宗矿产仍将处于供给低速增长期;清洁能源与非常规能源的供给能力也将持续增长;稀土、铌、钽、锂、晶质石墨等战略性新兴矿产供给也将保持增长态势。

在自然生态系统中,矿业活动扮演消费者角色,对森林、草原和湿地等自然生态系统要素存在依赖和扰动。矿业活动一方面发挥着加快能量流动和物质循环的作用,促进碳、氮、硫等元素地球化学循环;另一方面也在改造自然生态系统,甚至打破原有自然生态系统的平衡,并通过矿山生态修复等人工干预塑造新的平衡。

(二)矿业活动与生态系统的相容性

矿业活动的不同阶段对生态系统的影响具有差异性。在空间上主要集中在矿区及一定范围内,呈现从点状到区域的扩张趋势;影响对象包括植被及相关生物、地下地表水、大气等;影响程度表现为由弱到强的变化。如果合理配置和权衡好开发价值和生态价值,采用科学手段,是能够有效控制矿业开发过程中对生态系统影响的。

矿产勘查活动与自然生态系统并不是不相容的。一些现代矿业实践证明,通过采取现代非侵入、少扰动式勘查技术,并不会对生态系统的功能、质量和稳定性造成重大影响。通过勘查获得资源分布、种类、质量和数量等信息,对维持生态系统平衡,摸清地球生物自然生产过程中可能提供的生物资源量等,都具有重要的科学意义。

矿业活动从空间上看,主要框定在矿区一定范围内,其影响集中反映在对地

表植被和水文条件等的影响。从矿种上来看,砂石的开采对生态系统的影响范围较广,对流域生态系统、海岸生态系统、湿地生态系统的质量和稳定性造成影响。煤炭开采对生态系统的影响较大,如果考虑到排放等其他负外部性,其生态成本将在煤炭开采成本中占据一半的比重。其他大部分矿种开发的生态成本占比相对较低。据国际相关研究,铁、铜、铝、金等金属矿产开采,生态系统服务损失成本仅占金属价格的 $0.8\%\sim7.9\%$,全球金属矿产开采的生态系统服务成本仅约 54 亿美元。由此看来,合理的矿业活动和有效的人工控制将对自然系统产生有限的影响。

（三）矿业活动与生态系统的相悖性

人类的矿业活动特别是初期的矿业活动,与生态系统并不总是两者相容的,甚至是极大相悖的。通过矿业活动而获取的巨大利益常常是以牺牲生态系统健康为代价的。矿业开发中所产生的废弃物和污染物质经过一系列物理的、生化的过程与途径,毫无例外地作用于生态系统,对生态系统形成负面胁迫效应和干扰,主要表现为:对表层土壤的挖损和原生森林、草原植被的破坏;固体废弃物和尾矿对土地的压占;矿坑水和选矿废水处置不当会导致水土污染环境问题,导致区域性土壤保持服务功能失调、生物多样性功能丧失,生态系统调节功能失衡、地下水系统失衡,进而影响区域生态系统质量。据中国地质调查局全国矿山地质环境遥感调查与监测结果显示,截至 2019 年底,全国采矿损毁土地面积为 3.61 万 km^2,其中在建和生产矿山损毁面积为 1.34 万 km^2,责任人灭失和废弃矿山损毁面积为 2.27 万 km^2。

（四）矿业活动与生态系统的趋优性

从系统思维和再生经济学出发,国际上普遍采取科学的差别化管理方式,通过准入条件、最佳采矿实践、生态补偿机制及修复机制等生态保护修复措施的实施,实现矿业发展与生态保护之间最优或趋优化配置,从而保持生态系统的健康平衡。

在矿产开采之前,国际上普遍实行环境影响评价制度,对矿业活动造成的土地、水、空气等自然生态系统要素影响和对交通、文化遗迹、健康与安全、社会经济环境影响进行全面评价和制度约束。实施矿山生态修复计划制度,如澳大利亚的生态重建计划、加拿大的闭坑计划、美国的煤矿开采恢复计划等,要求采矿权申请人在申请矿业权时提交涵盖有"减轻野生动物及栖息地干扰,恢复区域生物多样性,以期实现生态系统平衡"为主要内容的矿山生态修复计划。

在矿产开采过程中,推行矿山环境恢复保证金制度,促使矿业权人采取行动,以确保维持生态系统质量和稳定性。国际金属环境委员会调查显示,许多国家都将这一制度应用到矿产资源勘查—开采—闭坑—修复的生命周期当中。

总之,各国都努力在探、采、选、冶、加工、修复等矿业全产业链活动中,实行趋优配置和有效管控。实践表明,不是要不要发展矿业,而是如何既高质量地发展矿业又有效地维护好生态系统,二者的系统把握、科学平衡和有效管控则是最优选择。

三、矿产资源可持续利用的实践

长期以来,由于高强度的国土开发建设、矿产资源开采以及海域开发利用等影响,使我国在生态保护修复方面历史欠账多、修复任务重、资金压力大,矛盾非常突出。在实际工作中,由于生态保护修复项目具有较强的公益属性,投资回报周期长、收益低,产业发展也受到一定限制,由此影响到社会资本投入的积极性,迫切需要政策激励和制度保障,增强市场信心和预期,培育生态保护修复市场,发展生态产业。同时,既要发挥生态的服务功能,又要体现生态的经济价值,积极探索生态价值实现的途径,使绿水青山真正转化为金山银山。

按照党的十九大"构建政府为主导、企业为主体、社会组织和公众共同参与的环境治理体系"的要求,自然资源部积极推进国土空间生态保护修复的市场化机制建设,引导和支持社会资本参与生态修复工程实施。2019年以来,陆续出台了《自然资源部关于探索利用市场化方式推进矿山生态修复的意见》(自然资规〔2019〕6号)、《自然资源部关于开展全域土地综合整治试点工作的通知》(自然资发〔2019〕194号)等政策文件。在实践中,各地积极探索市场化运作、科学性修复、开发式治理,摸索出一些社会资本参与生态保护修复的新模式、新路径、新做法,涌现出一批具有推广和借鉴作用的典型案例。

专栏 6-4　社会资本参与生态修复的陈湾石矿模式

2023年《自然资源部关于认定自然资源节约集约示范县(市)的通知》(自然资发〔2023〕12号)共认定258个县(市)为首批自然资源节约集约示范县(市),其中土地资源类183个,矿产资源类57个,海洋资源类18个。浙江省长兴县探索构建"政府主导、政策扶持、社会参与、开发式治理、市场化运作"的矿山恢复治理新模式,在矿产资源的节约集约中成功"出圈"。

一、生态修复与因矿施策,矿山重披绿

长兴一直是浙江省的矿业大县,也是长三角重要的矿石采掘地,矿点遍地开花,原陈湾石矿是其中之一。原陈湾石矿是一座以石灰石和建筑石料为主的老矿山，自在 20 世纪 40 年代开采，周边碧岩、陈湾两村 800 多户村民均靠采矿为生。当地有这么一句话，"大炮一响，黄金万两"，百姓纷纷挖石头卖钱，很多满载矿石或石粉的车辆向外运送，河道污水横流，粉尘漫天，道路两侧的老百姓不敢开窗，树木绿叶变白叶，村里的年轻人也被"逼"得外出打工。

2000 年，一场废弃矿山的治理战在长兴打响，陈湾石矿也于同年关闭，留下一处处伤痕累累的疮疤，山体裸露、边坡陡峭、宕底崎岖，周围的生态环境也遭到不同程度的破坏。如何让破碎山河重新变绿？

痛定思痛，2002 年开始，长兴县大力开展废弃矿山生态治理，针对原陈湾石矿及周边 7 个矿坑的地理条件，坚持生态修复与因矿施策的原则，启动了边坡生态复绿，治理方案在保留了原废弃矿坑的基础上，对山体、水体进行景观设计，在裸露的山体上种树、种竹，累计投入 100 多万元，历时 4 年完成了治理，最终形成了太湖水、湿地水与矿坑水互相映衬，弁山与矿坑崖壁相映成趣的"三水一崖"独特景观。

2006 年，结合农村土地综合开发项目，长兴县对原陈湾石矿宕底及周边废弃矿坑实施矿地复垦，累计投入复垦资金 406.47 万元，完成整治总面积 19.62 万 m^2，新增耕地 258.83 亩。通过生态修复、矿地复垦等治理方式，切实改善了区域生态环境。

从灰头土脸、寸草不生，到青山叠翠、草木葱茏，一幅生机盎然的生态图景就此展开。

二、生态经济双赢，百姓幸福指数提升

矿山修复了，如何才能充分挖掘矿山的生态、经济、社会价值？又一个难题摆在长兴面前。

栽下梧桐，引得凤凰来。烟波浩瀚的太湖，幽静开阔的湿地，蔚蓝深邃的矿湖，绵延无尽的弁山……披上绿水青山的"嫁衣"后，2015 年，上海长峰集团投资 251 亿元兴建亚洲最大的旅游综合体——"太湖龙之梦乐园"。

"那么好的水质、那么好的水面颜色，把这一潭水组合到旅游景区中，这个产生的作用是无可估量的。"上海长峰集团董事长童锦泉在长兴县实地踏勘时，当即被石灰石岩壁和废矿坑形成的一潭清水打动了。

整个项目占地面积 1.2 万亩，集星级酒店群、太湖古镇、大马戏、海洋王国、欢乐世界、水上公园、野生动植物园等于一体的大型旅游度假区随之而来。在建设中，项目最大程度保护着原始生态，也用最高标准建设园区住宿、游玩、观赏、购物等各项设施设备。

　　"我们依托现有的自然资源,秉承充分利用,因地制宜,不去破坏的原则进行开发。比如矿坑被改造成游船码头,动物世界也建于矿区之上,利用原有的山体和植被,让动物们与自然生态和谐于一体。"项目相关负责人告诉记者。

　　矿区变景区,长兴人也靠着这方山水吃到了意想不到的甜头。老百姓们走上了不一样的工作舞台,有提供牧草、花卉、农特产品,还有餐厅服务员、厨师、驯兽员等共1000多个岗位可供选择。目前,在太湖图影就业的村民达到97%以上,在龙之梦就业达到868人;农民人均纯收入达到3.9万元以上,当地百姓的安全感、共富感及对政府的满意度得到进一步提升,幸福指数逐年攀升。"山绿了水清了,家门口就有事做",成为大家的心声。

　　长兴太湖龙之梦项目以景观再造、矿地利用形式开展废弃矿地治理,不仅为废弃矿山生态修复项目建设和运营探索了新路径,更为政府拓展了经济发展新空间,实现了生态效益与经济效益的互助互惠。

　　资料来源:

　　1."以习近平生态文明思想为指引——人与自然和谐共生"主题采访活动——浙江站,自然资源部网站,https://www.mnr.gov.cn/zt/xx/yxjpstwmsxzy/202009/t20200929_2563136.html

　　2.废弃矿成网红景点:山绿了水清了,家门口就有事做,中国环境,2022.7.22.http://res.cenews.com.cn/hjw/news.html?aid=991868

参考文献

[1] 陈甲斌,刘超,冯丹丹,等.矿产资源安全需要关注的六个风险问题[J].中国国土资源经济,2022(1):15-21,70.

[2] 曹石榴.中国矿产资源利用的环境问题分析[J].中国矿业,2018(2)增刊:43-45.

[3] 陈汉.矿产资源安全与矿业经济发展几个重大问题的思考[J].中国国土资源经济,2020(1):16-20+34.

[4] Daniel D. Chiras John, P. Reganold.自然资源保护与生活[M].黄永梅,段雷等译.北京:电子工业出版社,2016.

[5] 黄民生,何岩,方如康.中国自然资源的开发、利用和保护(第二版)[M].北京:科学出版社,2011.

[6] 侯万荣,李体刚,赵淑华,等.我国矿产资源综合利用现状及对策[J].采矿技术,2006(3).

[7] 解树江,李雪,栗侨.中国能源经济理论研究的最新进展与评述[J].经济学动态,2010(8):67-73.

[8] 刘天科,靳利飞.中国矿产资源节约与综合利用问题探析[J].中国人口·资源与环境,2016(5)增刊:424-429.

[9] 李政.经济全球化背景下我国矿产资源可持续利用战略与机制[J].社会科学辑刊,2012(4):141-146.

[10] 李成刚.矿产资源消费趋势依然强劲 资源节约还需新视界[EB/OL].(2008-01-21)[2023-04-03].https://business.sohu.com/20080121/n254791512.shtml.

[11] 孟旭光.关于矿产资源保护的几点思考[J].中国国土资源经济,2021(1):1.

[12] 沈镭,张红丽,钟帅,等.新时代下中国自然资源安全的战略思考[J].自然资源学报,2018,33(5):721-734.

[13] 王安建,高芯蕊.中国能源与重要矿产资源需求展望[J].中国科学院院刊,2020,35(3):338-344.

[14] 王家枢,张新安,张小枫.矿产资源与国家安全[M].北京:地质出版社,2000.

[15] 文博杰,陈毓川,王高尚,等.2035年中国能源与矿产资源需求展望[J].中国工程科学,2019,21(1):68-73.

[16] 王雯.废弃矿成网红景点:山绿了水清了,家门口就有事做[EB/OL].中国环境.(2022-7-22)[2023-3-22].http://res.cenews.com.cn/hjw/news.html?aid=991868.

[17] 薛亚洲,王海军,陈甲斌,等.全国矿产资源节约与综合利用报告[M].北京:地质出版社,2014.

[18] 薛亮.数百亿吨"废石",成灾还是成金?[EB/OL].(2016-01-21)[2023-01-02].https://www.mnr.gov.cn/dt/pl/201601/t20160121_2347503.html.

[19] 杨建锋,余韵,马腾,等.工业革命驱动下能源与金属资源需求演变特征与前景分析[J].中国人口·资源与环境,2020,30(12):45-54.

[20] 于汶加,陈其慎,张艳飞,等.世界新格局与中国新矿产资源战略观[J].资源科学,2015,37(5):860-870.

[21] 易矿资讯.5000年矿业开发史,我们已经历7个时代![EB/OL].

(2020-01-18)[2023-01-02]. https://www.sohu.com/a/367690907_99904063.[22]郑昭佩.自然资源学基础[M].青岛:中国海洋大学出版社,2013.

[23] 资源问题研究会.世界资源真相和你想的不一样[M].刘宗德译.北京:新世界出版社,2010.

[24] 张德霖.从系统观视角和生态文明建设逻辑探索矿产资源有效管理与矿业新发展[J].中国国土资源经济,2021,34(1):4-10.

[25] 左芝鲤,成金华,郭海湘.新时代我国矿产资源安全浅析[J].中国国土资源经济,2021(11):54-61,83.

[26] 自然资源部网站."以习近平生态文明思想为指引——人与自然和谐共生"主题采访活动——浙江站[EB/OL].(2020-09-29)[2023-12-26]. https://www.mnr.gov.cn/zt/xx/yxjpstwmsxzy/202009/t20200929_2563136.html.

第七章　海洋资源与人类生活

第一节　海洋与海洋资源

"让我刻骨铭心的,是一种我从未见过的蓝。"美国宇航员特里·威尔茨(Terry Virts)在太空中欣赏到的地球之美。在太阳系中,地球与其他七大行星相比,在外观上的最大特点便是海之蓝。因为地球表面海洋面积占地球总表面积的71％,地球也被称为"水球"。地球广袤的海洋是生命的摇篮,是资源的宝库,是风雨的故乡,也是人类贸易与交流的通道,更是人类发展的战略空间。正是因为海洋与陆地的交错,区隔了人类的发展阵地,孕育了多样的人类文明。

一、海洋的概念

浩瀚的海洋,被人们誉为生命的摇篮、资源的宝库,是全球生命保障系统的重要组成部分,是人类文明的发源地,与人类的生活、发展密切相关。长期以来,人类从不同的视角给予海洋不同的定义。在原始社会,有关海的知识已经萌芽,甲骨文中虽然未记载"海"字,但是存在"晦"字,据古人刘熙《释名》:"海,晦也"。大概古人认为"晦"字和"海"字可以互通,因为苍茫的天空如同浩瀚的海洋,可以合二为一。东汉时期,许慎在《说文解字》中,对"海"的理解是:"海,天池也",注称:"凡地大物博得皆得谓之海。"言外之意表达的意思是说海是无边无际的。晋《博物志》记载:"天河与海相通,近世有人居海者,年年八月,有浮槎去来,不失期。"从视觉体现天海相通的观念。《海洋百科全书》解释:"洋"即海洋,希腊神话认为圆盘形的地球外围被大型水流或江河所围绕,同时把江河人格化,称其为海洋,古老的海洋概念仅指地中海之外的外海,而现代意义的海洋是指地球表面上相连接的广大咸水体。海洋包围着大陆占地球总表面积的70％左右。近代一些科学家形象的证明汉字中的海字是由水人母三部分组成,说明从有文字起,"海洋作为中华民族之母"意识已经深深扎根于民族文化的土壤中,并与人类有着非常密切的关系。

在历史上有关海洋概念的产生已经非常的久远了,但对于海洋的含义科学的界定则是近代的事情。由于海洋涉及的领域非常的广泛,涵盖了土地学、经济学、政治学、物理学、化学、生态学等多学科领域,所以不同学科对于海洋有着不同的认知。从土地学角度看,海洋是一个地理的区域概念,是我国 $3 \times 106^6 \, km^2$ 神圣不可分割的国土。从经济学的观点来看,海洋是人类赖以生存和发展的资源保护,所以在经济学上,海洋与海洋资源是联系在一起的,政治学上的海洋称之为国家领土,根据现行的国际法规定,国家领土是指国家主权管辖下的地球表面的特定部分包括领陆、领水、领陆和领水的底层土以及领陆和领水上面的空气空间。由此可见,海洋被赋予了国家意志的政治、经济、环境、科学技术的内涵,并确定了立足于国家的海洋利用和开发框架。

(一)海洋是自然综合体

海洋的性质取决于其各个组成部分,如从渔业生产来看,气候、水质、海底矿物质、海底植物等自然要素均对渔业生产施加一定的影响,但这些影响是彼此联系、相互制约的。换句话说,渔业生产并不仅仅受某一因素的影响,而取决于各个因素之间的相互联系和相互结合。海洋资源的开发利用也是如此,不应只考虑海底地基的承力,还应顾及气候条件、海底地质地貌及海底构造和板块运动状况。实际上,海洋的综合概念正是在这类生产实践过程中逐步形成和发展起来的。

(二)海洋是一个垂直系统

在海洋表面,每一片海域占据着特定的三维空间。笼统地说,垂直系统从空中环境直到海底地质层,处于岩石圈、大气圈和生物圈相互接触的边界。从空间视角立体地看待整个海洋资源,我们会发现海洋就其物理性质来说是"多相"(multi-phase)的,它包含了水体上面的空气、水体本身以及水体之下的底土(subsoil),可以说是气态、固态、液态三相俱全。我们还可以发现,在空气、水体、底土与陆地之间,存在有空气与水体间的海表面(sea surface),水体与底土间的海床(sea-bed)及水体与陆地间的海岸(coast)等三个界面(in-terfaces)。

(三)海洋是一种历史综合体

海洋具有发生和发展的历史过程,它是在长期的地质历史过程中形成的。海洋的形成要追溯到距今约38亿年前。在地球诞生的初期,由于大规模的陨石碰撞,带来了水蒸气,并不断地将深藏在地球内部的水蒸气翻搅上来,最终随着地球表面的逐渐降温,水蒸气逐渐冷却凝结,形成现在地表的海洋。

二、海洋资源的概念

海洋资源指的是自然资源分类之一。指形成和存在于海水或海洋中的有关资源。包括海水中生存的生物,溶解于海水中的化学元素,海水波浪、潮汐及海流所产生的能量、贮存的热量,滨海、大陆架及深海海底所蕴藏的矿产资源,以及海水所形成的压力差、浓度差等。广义的还包括海洋提供给人们生产、生活和娱乐的一切空间和设施。海洋资源是目前或可预见的未来能够产生价值的海洋。海洋资源的范围随着科学技术的进步正在不断扩大。一些资源当前用途极少,甚至毫无用处,但随着科学技术的进步,人类社会发展以及需求的多样化,在将来完全有可能变为有用的甚至是宝贵的资源。

（一）海洋资源的自然属性

海洋的自然属性事实上取决于人们利用海洋的动机。毫无疑问,正是出于对生存资源(如鱼类资源)和发展资源(如油气资源)的需求,人们才一步步走向海洋、利用海洋并试图占有海洋。由于人类对海洋资源的认识不足,加之在海洋资源的使用过程中没能遵循可持续利用的原则,导致多种问题的发生。对海洋的不可再生资源来讲,在其被使用过程中,很少会有人去思考社会的最佳使用途径,这往往导致不可再生资源的浪费。对海洋的可再生资源来讲,人类过度开采导致其迅速衰竭。人口增长,使得人类对海洋资源的依赖逐步加大,这将愈加突显海洋资源的稀缺。

海水不是静态的,而是动态的,朝着水平或垂直方向运动。溶解于海水中的物质随着海水的流动性而位移;污染物也经常随着海水的流动在大范围内移动和扩散;部分鱼类和其他海洋生物也具有洄游的习性。这些海洋资源的流动,使人们难以对这些资源进行明确而有效地占有和划分。世界海洋是连成一个整体的,鱼类的洄游无视人类森严的疆界而四处闯荡,此种资源的开发,在不同的国家间产生了利益和产权责任分配问题。污染物的扩散和移动,造成归属海域和领海国家的损失,甚至引起国际纠纷。这些都需要世界各国紧密配合、相互支持、谋求合作共赢。

海域与海域之间因自然环境、地理位置等因素的不同,造成海域性能的独特性和差异性,因此,即便是在同一片海域,海洋资源的差异性还是很明显的,其资源的功能效用也是不同的。这体现出海洋资源的不可替代性和复制性。

海洋水系是一个统一整体,各个水域的分布不同,潮间带和近海水域水层浅、变换慢环境复杂、海水自净能力差,一旦受污染,容易引发病害,并能迅速蔓延整个海域,直接影响海洋渔业,同时也会对旅游业、人文景观以及人类的身体健康造成危害。如海上石油开采过程,有导致海洋大面积污染的风险;海洋渔业捕捞有产生渔业资源枯竭的风险等。海底矿产的开采会影响海底生态系统的健康存在,这种影响是否一定会构成风险,人们还没有清晰的认识,所以在海底矿产开发过程中,也没有相对完善的预防预警措施,而这一类问题一旦产生,后果将很难预料。

海洋资源的分布在空间区域上符合程度较高，各海域有各自不同资源分布并构成各具有特色的海洋资源区域，例如大陆架的石油资源，国际海底区域的铀矿资源。海洋表面、海洋底部都广泛分布着各种资源，立体性强。另外，在同一片海区也会存在着多种资源。海洋资源区域功能的高度复杂性，使得海洋资源的开发效果明显，响应速度快，这样为合理选择开发方式增加了困难，要求必须强调综合利用，兼顾重点。

（二）海洋资源的经济属性

首先，海洋资源数量的有限性和海水介质的流动性决定了海洋资源供给的稀缺性，就像商品一样，如果生产的少，用的人多，就会导致供不应求。可见，海洋资源的稀缺性在特定时期和特定海区才能表现出来，由此可以引申出海洋资源利用的制约性。不同的海区，不同的条件，导致海洋资源的用途有所不同，而一种用途向另一种用途的变更同样受到诸如地理位置、地形、地貌特征等因素影响，从而使得这种用途的海洋资源供给在一定区位、一定时期变得稀缺。

其次，海洋资源可以有很多用途，且在不同的作用间可以相互转换。如沿海地带资源经开发为养殖用地、生产用地、海洋旅游休闲用地、港口用地、临海工业用地；在一定条件下，这些海岸带资源和海水资源的用途之间可相互转换交替使用。因此，要妥善保护好海洋资源，通过改变海洋资源用途来调整具体海区某种类型海洋资源的供求状况。

对于海洋资源而言，法律明确规定所有权归国家所有。但是，长期以来国家所有权缺乏人格化的代表，在实际的经济运行中是虚化模糊的，表现在其所有权和使用权的泛化和管理的淡化上，实际上是"谁发现、谁开发、谁所有、谁受益"。在产权不具有排他性的情况下，对海洋资源的开发、利用和保护的权责利关系就无法确定。海洋资源所有权代表地位模糊，各种产权关系缺乏明确的界定，造成沿海各个利益主体之间经济关系缺乏协调。同时，海洋资源的流动性又决定了海洋资源产权的模糊性。如海洋渔业资源具有洄游性，除领海和专属经济区外，海洋的极大部分没有划分国界，即使是在一国的领海，或跨区域的河流，一般也没有明显的省、市或州等界线，因此在某一水域中，对于渔业资源产权归属仍具有模糊性。

最后，从海洋资源的属性来看，它同样具有商品性和公共产品性两个特征，尤其是其公共物品性表现得更加明显。海洋作为一个连通的整体，任何一个国家或地区均不能独占海洋资源，这与陆地有很大的不同。如大多数海洋鱼类属于捕获者，这一点与内陆的养殖鱼类，在其进入市场完成交易之前只属于养殖者有着很大的区别。海洋资源的公共性，一方面体现了国家性，表现为国家管辖海域内的自然资源通常属于国家所有，在海洋资源的管理中必须在国家有关法律、法规框架内,运用适当的公共产品管理手段进行管理,如海洋的空间资源。另一方面则体现了国际性,国际海洋法明文规定国际水域资源属于全人类所有,使各国在海洋资源的开发活动中,容易产生一定的利益关系或利益冲突,以海洋资源问题为中心的国际争端则是常年不休,这就亟待寻求一种共同的准则以协调利益、责任、义务的分配和履行。

(三)海洋资源的生态属性

海洋资源的生态属性主要体现在海洋资源功能上,具体表现为养育功能、承载功能、仓储功能和景观功能。

1. 养育功能

海洋中有许多动物和植物,可以为人类所食用,是潜力巨大的优质食物宝库。目前,全世界海洋中生物种类约20多万种,其中鱼类约1.9万种,甲壳类约2万种。海洋为人类提供了丰富的食物,每年约生产 35×10^{11} t 有机碳,在不破坏生态平衡的情况下,每年可以供人类水产品约 3×10^9 t,如按成人每年所需的食用量计算,至少可以供300亿人使用,海洋中含有大量的天然植物资源,有待开发和利用,近海水域还可以变成人工海上农牧场,形成大规模的生产基地。

专栏 7-1　爱莲湾海洋牧场"耕海牧渔"

2020年9月18日,威海市海洋发展局组织相关专家,对爱莲湾国家级海洋牧场示范区人工鱼礁建设项目进行了市级验收评审。与陆上的牧场比起来,海洋牧场没有牧鞭声,风吹草低也不见牛羊,但它与陆上牧场一样秀美,牧场上见到的是轻轻荡漾的塑料浮漂,一串串像是巨大的晶莹的珍珠;波面下是一条条吊绳,牵引着数不尽的蛮珍海鲜:楔子形的贻贝、芭蕉扇状的扇贝……

2. 承载功能

海洋不仅仅可以为人类提供航运养殖的空间,还可以为人类发展提供海上城市、海上工厂、海上电站、海上娱乐场等新兴的海洋工程建设空间。利用海洋的立体空间和自然环境的优势状况开发建设可供人类长期居住、生产、生活、娱乐等日常性生活的场所,是人类从陆地迈向海洋的重要一步,也是利用海洋资源的重要核心内容,发展海上城市史,近年来海洋资源利用进展中可行的研究项目是海洋与人类生存空间的无限价值的重要体现。

专栏 7-2　日照海域海上旅游休闲度假平台

2017 年 8 月在日照海域投入使用全国大型海上旅游休闲度假平台。该平台按照海上浮岛理念设计,通过"游、娱、食、宿、赏、钓、放、赛"等多种形式,打造集"休闲观光、竞技垂钓、海洋采摘、食宿赏娱"功能于一体的海上休闲旅游体验平台。平台总长 88m、宽 38m,核载吨位8000t,抗风等级 10 级,建筑面积 5800m²,日接待量 1000 人左右。平台互联网使用微波天线接入机房,可实现 Wi-Fi 无缝漫游,网络信号覆盖以平台为半径 200m 海域,可 24 小时不间断提供互联网服务。平台项目总投资 6900 万元。平台依托海洋牧场,将滨海岸线资源、海上资源、岛屿资源有机结合起来,推进海洋旅游从近岸向海上转移、从观海不断向亲海延伸。

3. 仓储功能

海洋矿产资源主要来自地壳,是地壳中具有开采价值的物质,如海洋石油、天然气以及金刚石、铌铁、琥珀沙等等,这些矿产资源储藏在海底,海洋为其仓库,海洋中蕴藏着丰富的矿产资源。海洋资源不仅为矿产资源提供了仓储的场所,而且也为矿产的开采和加工提供了重要的场所和基地,海洋资源的仓储功能还体现在海底货场、海底仓库、海底油库以及海洋废物处理场等等。

专栏 7-3　波斯湾的海洋石油

波斯湾的海洋石油储量是世界上最大的,沙特、伊拉克、科威特、伊朗、阿联酋、卡塔尔等多国管辖海域内都有所分布,不过储量主要集中在卡塔尔和伊朗两国海域内,波斯湾海洋油气的一大特点就是大部分位于浅海近海地区,储量大,开采难度小,自然条件得天独厚。波斯湾平均每个油田储量达 3.5 亿 t 以上,由于多分布在海岸附近,输油管相对较短,原油外运方便,并且油田的地下压力高,油井多为自喷井,占油井总数的 80% 以上,因此其生产成本是世界最低的。

4. 景观功能

景观意义上的海洋是一种环境资源,具有景观功能的海洋价值在于舒适性和美的价值,风景旅游用海、自然保护区用海就是发挥了海洋的景观功能,在海洋资源利用方式中,如海洋公园、海滨浴场、海上运动区、珊瑚礁、红树海滨沙滩、深海环境等等。

专栏 7-4　北海金海湾红树林生态旅游区

　　金海湾红树林生态区,有低矮茂密而又万木葱茏的红树林,极目远眺,在红树林与广阔无垠的海天之间,拥有广袤无垠的秀美沙滩,犹如一条金色的丝带,绵延在绝美的海岸线上,这种原始的自然景观令人心旷神怡。除此之外,这里还拥有湛蓝的海水和迷人的海岸线,还有一些人文的海岸建筑,比如粉色的城堡和独特的风情长廊,还有爱琴海风格的栈桥和拍照十分出片的白鹭亭等,妙趣横生,十分唯美。尤其是在层层叠叠的红树林间,时常能看到成群结队的白鹭和候鸟,或翩翩起舞,或伫立枝头,十分可爱。由于海岸线红树林的存在,每逢退潮的时候,苍茫的红树林会完整地呈现在人们的眼前,而在生长着红树林的沙滩上,常常会留下十分丰富的海产品资源,也就催生了赶海一族的诞生,即使是偶尔前往旅游的游客,也能够参与其中,体验传统的赶海模式。

第二节　海洋资源的多样性

　　海洋资源十分丰富,种类繁多。对于海洋资源进行科学详细的划分,不仅有利于资源的合理利用,同时能够把握不同资源之间的相互关系及特征,进一步揭示资源种类之间的规律,为资源的开发和利用打下良好的基础。中国是海洋大国,海洋生物资源是我国海洋经济发展的基础,只有充分实现海洋生物资源的有序开发和持续利用,才能实现我国海洋经济的蓬勃发展。按照目前通用的划分方法可以将海洋资源分类五大类,即海洋生物资源、海洋化学资源、海洋矿产资源、海洋能源资源和海洋空间资源。

一、海洋——蓝色的国土

　　海洋中生物种类繁多,生物资源极其丰富(如图 7-1 所示)。地球动物的80%在海洋中生存。对于海洋生物的分类标准有很多,按照生物学特征分类,海洋生物资源分为海洋植物资源、海洋动物资源和海洋微生物资源。按照系统分类,生物学上的海洋资源分为鱼类资源、海藻资源、脊椎无脊椎动物资源;按照生活习性,海洋生物可以分为浮游生物、游泳生物和底栖生物三大类。中国是世界上海洋生物资源较丰富的国家之一,丰富的海洋生物资源是我国实施海洋经济持续发展的重要支柱。基于此,近年来我国大力建设"资源修复＋生态养殖＋高质高效"的海洋生态牧场综合体,发展海洋牧场已成为我国保护海洋生态环境、养护渔业资源、转型升级渔业产业结构的重要国策。海洋牧场是促进传统渔业向现代渔业转型升级的重要手段(如图 7-2)。

图 7-1　海洋生物资源多样　　　　图 7-2　海洋牧场基地

资料来源:人民资讯,海洋牧场:让大海变"粮仓",2022-03-29

专栏 7-5　蓝色国土

2020 年,山东省烟台市启动"百箱计划",并与中集集团合作,将海洋工程装备技术嫁接到渔业领域,通过开发建造高端大型装备,帮助海洋渔业走向深远海,降低以往养殖模式带来的海岸线生态环境压力。2021 年 6 月,经海 001 号、经海 002 号完成交付,2021 年 8 月、2022 年 3 月经海 003 号、004 号分别完成交付。

2022 年 3 月,广东省湛江市自然资源局同意国家级海洋牧场示范区人工鱼礁建设项目落户遂溪县江洪海域。《广东省海洋经济发展"十四五"规划》提到,要建设可持续性海洋牧场等重要海岸带生态系统,发挥浮游植物、藻类和贝类等生物的固碳功能,试点研究生态渔业的固碳机制和增汇模式。海洋牧场示范区将开展人工鱼礁建设、贝类底播增殖和增殖放流等"海洋牧场"相关建设工作,建设"碳汇渔业",保护和改善海域生态环境,增强海域碳汇功能。

遂溪县农业农村局将加快完成海域不动产权证办理和施工招投标等相关工作,力争年底完成项目建设任务。示范区可以促进传统捕捞渔业由掠夺性开发海洋资源向"资源养护型"和"环境友好型"转变,促进休闲渔业、海岛旅游业等新兴海洋经济产业的发展。

海南省首座深远海智能养殖旅游平台"普盛海洋牧场1号",近年在乐东黎族自治县龙栖湾国家级现代智慧海洋牧场投用。智能养殖平台由海南普盛海洋科技发展有限公司投资、中国科学院广州能源研究所研发设计、广船国际建造,其搭载的智能渔业养殖系统具备自动投饵、鱼群监控、水质监测等现代化渔业生产功能,将为海洋牧场提供"智慧大脑"。

据了解"普盛海洋牧场1号"还配备海水淡化、污水处理、仓储空间、休闲餐厅等生活设施,采用光伏等清洁能源供电实现能源自给自足,通过四角锚泊无惧大浪台风,不仅安全可靠,还实现生态循环可持续运营,是集绿色智能装备、养殖渔场、观光旅游为一体的现代海洋产业融合基地。

二、海洋——矿产资源基地

海洋中存在大量矿产资源,储存于海洋中的天然产出的固态、液态、气态的物质集合,是海洋中蕴藏的矿物资源的总称,其主要分布在公海部分位于专属经济区。从广义上讲,海洋矿产资源包括海底矿物资源和海水中的矿产资源。从狭义上讲,海洋矿物资源一般是指海底矿产资源,属于海洋化学资源。海底矿产资源分为沿海砂矿、海底自生矿产和海底固结岩中的矿产。从经济的角度看,具有开采价值、从技术的角度看有利用价值的无机或有机体。根据矿产资源为人类提供的物质能量属性,海洋矿产资源分为提供燃料的能源资源和提供原料的物质资源两大类。从适应现代工业生产体系的角度看,海洋矿产资源分为金属矿产资源和非金属矿产资源。根据海洋区分原则,海洋矿产资源可以划分为海水矿产、大陆架矿产、海底表层沉积矿产、海滩矿产和海底硬岩石矿产。根据海洋构造环境原则,海洋矿产资源可以分为大陆边缘矿床、大洋环境形成矿床和俯冲带矿床。目前,中国开发的海洋矿产资源主要包括石油、天然气和沿海砂矿等。海水中所含的大量化学物质或化学元素,它是海洋资源中利用潜力最大的资源之一,主要包括海盐资源、常量元素资源和稀有元素资源。地球表面海水的总储量为13.18亿 km^3,占地球总水量的97%。海水中含有大量盐类,平均每立方公里海水中含3500万 t 无机盐类物质,其中含量较高的有氯(1900万 t/km^3)、钠(1050万 t/km^3)、镁(135万 t/km^3)、硫(88.5万 t/km^3)、钙(40万 t/km^3)和钾(38万 t/km^3)、溴(6.5万 t/km^3)、碳(2.8万 t/km^3)、锶(0.8万 t/km^3)和硼(0.46万 t/km^3),以及锂、铷、磷、碘、钡、铟、锌、铁、铅、铝等。它们大都呈化合物状态存在,如氯化钠、氯化镁、硫酸钙等,其中氯化钠约占海洋盐类总重量(约 5 亿 t)的 80%。

三、海洋——能源基地

海洋能源通常是指海洋中特有的依附于海水的可再生资源,包括潮汐能、波浪能、海能、海水温度差能和盐度差能等,这类能源数量极为丰富。海洋能按储存形式可分为海洋机械能、海洋热能和海洋化学能。海机械能是指潮汐、潮流、海流和波浪运动所具有的能量。海洋热能主要是指由太阳辐射产生的表层和深层海水之间的温差所蕴藏的能量。海水化学能指流入海洋的江河淡水与海水之间的盐度差所蕴藏的能量。海洋能分布广、蕴藏量大、可再生、无污染,21 世纪将进入大规模开发阶段。据估计,全世界海洋能源资源总量为 780 亿 kW,其中波浪能 700 亿 kW、潮汐能 30 亿 kW、温度差能 20 亿 kW、海流能 10 亿 kW、盐度差能 10 亿 kW。科学家曾作过计算,沿海各国尚未被利用的潮汐能比世界全部的水力发电量大一倍。从发展趋势来看,海洋能源资源必将成为沿海国家,特别是发达的沿海国家的重要能源之一。从各国的情况看,潮汐发电技术比较成熟。利用波能、盐度差能、温度差能等海洋能进行发电还不成熟,仍处于研究试验阶段。

四、海洋——海上运输通道

海洋空间资源是指可供人类利用的海洋三维空间,有一个巨大的连续水体及其上覆大气圈空间和下伏海底空间三大部分组成。与海洋资源相关概念的界定相比,关于海洋空间资源的概念则较为模糊,尚没有一个明确的定论,多数专家和学者也只是利用其部分性质进行研究和分析。海域的使用一直以来都是立体多层次的,而非简单平面的开发,也就是说,海洋空间资源作为所有海洋资源载体,也应该是一个三维多层次的概念,包括海洋水体垂直上方的大气、下方的海土、海床和中间的海水三个部分。在《海洋空间资源性资产产权特征及产权效率分析》中指出,流动性和连通性作为海洋空间资源的独特性质使得海洋空间资源具备与其他自然资源不同的特殊产权特征,包括复杂性、非独立性和外部性等。通过以上概念进行总结,本书认为,海洋空间资源指具有资产特性的、稀缺的、产权明确的,且在一定的技术经济条件下能够给所有者带来效益的海洋空间性资源。

海域开发类型主要包括开放式开发、填海造地、围海、构筑物等,其中在 2015 年开放式开发占 89.25%,填海造地和围海占 8.08%。总体海洋空间资源开发强度空间分布以北方地区较高,南方地区快速增长为特征。在海洋空间资源开发强度单一化和区域差异化日益严重的大背景下,未来我国各沿海省区还需要明确自身定位,发挥自身区域和资源优势,加快特色产业和龙头企业的培育,同时延伸产业链条,增强产业带动和辐射能力,扩大产业影响力和主导效应。同时注重于内地产业的合作与交流,充分发挥沿海区域的技术和人才优势,做大做强海洋产业,充分提升海洋产业对于区域经济的带动作用,也为地区产业结构升级和实现产业转移以及产品升级提供机遇。

综上所述,可以看出海洋中有丰富的食物、矿产、能源、资源等,对今后的经济发展有着决定性的作用,研究未来的科学家把 21 世纪作为海洋经济世纪。开发"蓝色国土"是中华民族跨世纪课题。

第三节　海洋资源的开发史

一、世界各国对海洋的认知与开发的历史

海洋是生命的摇篮,它为生命的诞生进化与繁衍提供了条件;海洋是风雨的故乡,它在控制和调节全球气候方面发挥有重要的作用;海洋是资源的宝库,它为人们提供了丰富的食物和无穷尽的资源;海洋是交通的要道,它为人类从事海上交通,提供了经济便捷的运输途径;海洋是现代高科技研究与开发的基地,它为人们探索自然奥秘,发展高科技产业提供了空间。

海洋文明的两个基本特征是:一是要领先于人类社会的发展,二是这种领先必须主要得益于海洋文化,而不是其他文化。也就是说海洋文明是指在人类历史上诸多方面领先人类社会发展的文化。

专栏 7-6　海洋文明的发展

地中海文明

地中海文明发源于雅典,在雅典最辉煌时期,欧洲的文明城市基本集中在地中海地区,其他欧洲地区的人大部分还是未开化的蛮族,地中海文明基本上就是欧洲早期文明的代名词。而雅典又是地中海地区文明城市的中心与代表,因此说雅典是地中海文明的发源地是毋庸置疑的。西方文明与地中海文明是包含与被包含的关系,从这个意义上说,雅典既然是西方文明的发源地,那它更是地中海文明的发源地了。

古代地中海文明的特点是:经济方面,以商品经济为主;政治方面,

拥有议会制、追求民主政治;时间方面,不具有连续性,多次遭到破坏中断。地中海在亚、欧、非三大洲之间,早期的美索不达米亚文明和埃及文明;以克里特岛为代表的爱琴文明;以马耳他为代表的巨石文明;面向海洋的腓尼基人、迦太基人;纵横于西亚的赫梯人、波斯人;还有将民主思想留给世人的希腊人和开创了一个地中海时代的罗马人也先后出现在这里。其不仅是欧洲文明的发祥地,更是古代诸多文明演绎的舞台。

地中海在交通和战略上均占有重要地位。它西经直布罗陀海峡可通大西洋,东北经土耳其海峡接黑海,东南经苏伊士运河出红海达印度洋,是欧亚非三洲之间的重要航道,也是沟通大西洋、印度洋间的重要通道。欧、亚、非三大洲的交通枢纽,是大西洋、印度洋和太平洋之间往来的捷径,因而在经济、政治和军事上都具有极为重要的地位。长期以来,地中海就成为列强争夺的场所。

爱琴海文明

爱琴海位于地中海东部,北方毗邻希腊半岛,在这片海洋上孕育了后来繁荣一时的古希腊城邦民主时代。爱琴海文明是典型的海洋文明,也叫工商业文明,与以中国为代表的农业文明形成了两极(这也是它进不了四大文明原因之一,其他四大文明都是农业文明),并由此逐渐形成了日后的东、西方文明。最早起源于克里特岛,然后传播到希腊大陆和小亚细亚。公元前1700—前1400年,克里特文明发展到它的全盛时期,不久突然衰退,爱琴文明的中心转移到希腊半岛的迈锡尼。主要包括米诺斯文明和迈锡尼文明两大阶段,前后相继。有兴旺的农业和海上贸易,宫室建筑及绘画艺术均很发达,是世界古代文明的一个重要代表。公元前3000—前2000年分布于爱琴海地区的青铜时代文化。19世纪七八十年代,德国考古学家谢里曼在《荷马史诗》等传说的启示下,成功地发掘小亚细亚西北部古城特洛伊及南希腊(伯罗奔尼撒半岛)的迈锡尼、太林斯等遗迹,使长期湮没的爱琴文化再现于世。20世纪初,英国考古学家伊文思发现了克里特岛古城诺萨斯、得米诺斯王宫等重要遗址,大大充实了此项文化的内容。

二、海洋与政治:海权学派

1958年《领海及毗连区公约》规定:国家主权及于其陆地领土及其内水以外邻接其海岸的海域,称为领海。1982年《联合国海洋法公约》也采用类似的规定,但增加了在群岛国的情形,主权及于群岛水域以外邻接的一带海域。国家的主权也及于领海的上空及其海床和底土。[①] 1982 年《联合国海洋法公约》对群岛国的领海基线也作了规定。

大陆架(continental shelf)是指大陆沿岸土地在海面下向海洋的延伸,海岸线到水深 200m 的区间,被海水所覆盖的大陆,平均坡度很小,面积约占海洋总面积的 7.5%。在过去的冰川期,由于海平面下降,大陆架常常露出海面成为陆地、陆桥;在间冰期(冰川消退,如现在),则被上升的海水淹没,成为浅海。大陆架是大陆向海洋的自然延伸,通常被认为是陆地的一部分,又叫"陆棚"或"大陆浅滩"。沿海国的大陆架包括其领海以外依其陆地领土的全部自然延伸,扩展到大陆边外缘的海底区域的海床和底土,如果从测算领海宽度的基线量起到大陆外缘的距离不到 200 海里,则扩展到 200 海里的距离,它是指环绕大陆的浅海地带。大陆架含义在国际法上,指邻接一国海岸但在领海以外的一定区域的海床和底土。大陆棚宽度因地区而异,在海岸山脉外围很窄,如南美洲太平洋沿岸;在沿海平原外围非常宽阔,如亚洲北冰洋沿岸,宽度可达 1300km。世界各地大陆棚的平均宽度为 75km。多数情况下,大陆棚只是海岸平原的陆地部分在水下的延伸。沿岸国有权为勘探和开发自然资源的目的对其大陆架行使主权权利。大陆架有丰富的矿藏和海洋资源,已发现的有石油、煤、天然气、铜、铁等 20 多种矿产;其中已探明的石油储量是整个地球石油储量的 1/3。

第四节　海洋资源与日常生活

生命起源于海洋,人类文明的生产和发展都与海洋有着天然的情缘。海洋经济是 21 世纪经济发展中的重点内容,是保障国家安全、缓解陆域资源紧张、拓

---

① 《中华人民共和国领海及毗连区法》:"第二条 中华人民共和国领海为邻接中华人民共和国陆地领土和内水的一带海域。中华人民共和国的陆地领土包括中华人民共和国大陆及其沿海岛屿、台湾及其包括钓鱼岛在内的附属各岛、澎湖列岛、东沙群岛、西沙群岛、中沙群岛、南沙群岛以及其他一切属于中华人民共和国的岛屿。中华人民共和国领海基线向陆地一侧的水域为中华人民共和国的内水。第三条 中华人民共和国领海的宽度从领海基线量起为十二海里。中华人民共和国领海基线采用直线基线法划定,由各相邻基点之间的直线连线组成。中华人民共和国领海的外部界限为一条其每一点与领海基线的最近点距离等于十二海里的线。第四条 中华人民共和国毗连区为领海以外邻接领海的一带海域。毗连区的宽度为十二海里。中华人民共和国毗连区的外部界限为一条其每一点与领海基线的最近点距离等于二十四海里的线。第五条 中华人民共和国对领海的主权及于领海上空、领海的海床及底土。"中华人民共和国中央人民政府,(2005-09-12)[2024-03-14]. https://www.gov.cn/ziliao/flfg/2005-09/12/content_31172.htm.

展国民经济和社会发展空间的重要支撑系统。21世纪是开发海洋的世纪,党的十八大明确提出海洋强国战略。习近平总书记在哲学社会科学工作座谈会上,提出了面对中国经济发展进入新常态,国际发展环境深刻变化的新形势,加快转变经济发展方式,提高发展质量和效益是迫切需要解决的问题。[①] 这表明我们需要彻底地对接到海洋经济的提升和打造上。随着世界技术革命的不断深入和陆域资源的日益枯竭,在人口不断增长的状态下,开发海洋资源,发展海洋经济是解决人类所面临的资源匮乏、空间紧张、环境恶化等问题的有效、重要途径。面对当今的海洋世纪,如何处理人类与海洋的关系,是当今发展与研究的重要课题。

人海关系是从人地关系中引申出来的概念,是人地关系地域系统中最重要的类型,是人地关系的区域性体现。人海关系是人类与海洋之间的关系,即人类活动与海洋相互作用、相互影响形成的一种系统结构,是由人海资源环境系统、人海经济系统和人海社会系统共同构成的(如图7-3所示)。

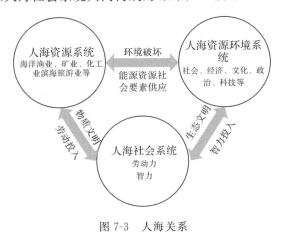

图7-3　人海关系

一、海鲜:海洋捕捞与海洋牧场

在国际上,海洋牧场通常是指资源增殖,操作方式主要包括增殖放流和人工鱼礁。1860—1880年,美国、加拿大、俄国、日本等国家以增加商业捕捞渔获量为目的,开始实施大规模的溯河性鲑科鱼类增殖计划,采用的鱼类品种以太平洋大麻哈鱼类和大西洋鲑为主。随后,资源增殖活动在世界其他区域展开,如南半

---

① 习近平:在哲学社会科学工作座谈会上的讲话(全文)[EB/OL].(2016-05-18)[2024-01-26].新华网,http://www.xinhuanet.com/politics/2016-05/18/c_1118891128.htm.

球的澳大利亚、新西兰等。1900 年前后，美国、英国、挪威等国家开始实施海洋经济种类增殖计划，也就是今天我们所说的增殖放流，增殖放流种类包括当地重要的捕捞鱼类品种，如鳕、黑线鳕、狭鳕、鲽、鲆、龙虾、扇贝等。总的来说，欧美国家将渔业资源增殖等同海洋牧场，其主要内涵是重要经济品种的放流增殖。1963 年后，日本大力推行近海增殖计划，称之为栽培渔业或海洋牧场，增殖放流种类迅速增加，规模扩大，特别是较短时期内可在近岸海域产生商业捕捞效益的种类，如甲壳类、贝类、海胆等无脊椎种类。与此同时，成规模的人工鱼礁建设得到快速发展。这些活动，在国际上统称为资源增殖（stock enhancement），同时也称之为海洋牧场（sea ranching，marine ranching，ocean ranching）。据统计，1984—1997 年全球有 64 个国家和地区采用资源增殖方式增殖的海洋物种约180 种。中国的渔业资源增殖历史悠久，早在 10 世纪末，我国就有将鱼苗放流至湖泊的文字记载。现代增殖活动始于 20 世纪 70—80 年代并在最近十多年才形成了规模化，其发展态势活跃。2002 年，中央财政安排专项资金支持海洋牧场建设。经过多年努力，中国的海洋牧场在发展规模和技术水平等方面取得了很大进步。

国内外对"渔业资源增殖、海洋牧场、增殖渔业"等基本术语的表述基本是一致的，也是清楚的，它们的共同目标是增加生物量、恢复资源和修复海洋生态系统。虽然在实际使用和解释上有时有些差别，但仅是操作方式层面的差别。例如，现在国内实施的海洋牧场示范区就是人工鱼礁的一种形式，或者说是一个扩大版，科学性质上没有根本差别。陈丕茂等发表于水产学报上的文章《国内外海洋牧场发展历程与定义分类概述》中，通过查询大量国内外海洋牧场发展的文献资料得出的结论证实了本书的观点。在海洋牧场的发展过程中，这些基本术语的使用也有些微妙的变化。例如，海洋牧场的英文表述在很长一段时间里是使用 sea ranching，21 世纪初前后则出现了 marine ranching 和 ocean ranching 用词，似乎意味着海洋牧场将走向一个更大的发展空间，但至今尚未看到一个具有深远海意义的发展实例。在日本，20 世纪一直使用"栽培渔业"（汉字）或"海洋牧场"的表述，以推动渔业资源增殖的发展，并引起中国渔业界高度关注。1996年，FAO 在日本召开的海洋牧场国际研讨会上将"资源增殖或增殖放流（stock enhancement）"视为"海洋牧场（marine ranching）"。自 1997 年以来 5 次资源增殖和海洋牧场国际学术会议的日程和大会报（International Symposium on Stock Enhancement and Sea Ranching，1997 挪威，2002 日本，2006 美国，2011 中国，2015 澳大利亚，2019 美国），我们会发现"资源增殖"多出现在研究领域用词中，而"海洋牧场"则出现在操作层面或管理层面用词中。

专栏 7-7　海洋牧场

21 世纪以来,"栽培渔业"或"海洋牧场"这些用词在日本逐渐被淡化,更多的使用"资源增殖",在相关专著出版物书名用词中特别明显。这些用词的微妙变化,其内在原因值得关注和深入研讨。在中国,国务院于 2013 年召开全国现代渔业建设工作电视电话会议,明确现代渔业由水产养殖业、捕捞业、水产品加工流通业、增殖渔业、休闲渔业五大产业体系组成。增殖渔业是渔业资源增殖活动达到一定规模时形成的新业态,作为现代渔业体系建设的一个新的部分,包含了渔业资源增殖活动或海洋牧场的主要内容。

传统渔业主要包括捕捞和养殖。但随着渔具逐步升级、渔船逐年增多,渔业资源被过度开采,尤其近海渔业资源已严重衰退。传统的海水养殖由于养殖方式粗放,养殖物种单一,易引发种质退化、病害严重等问题。大规模的沿海投饵养殖和围堰养殖又会造成海水污染、富营养化、药物残留等状况。近年来,尤其是党的十八大以来,我国日益重视海洋生态环境保护,海洋生态修复的投入不断加大,海洋牧场建设就是其中的重要举措。海洋牧场建设是以现代科学技术为支撑,以海洋生态系统为基础,通过工程技术手段,修复和优化生态环境、养护和增殖渔业资源,以实现渔业可持续健康发展为目的的渔业生产方式。海洋牧场建设的基础是开展生态环境修复与优化,增殖和养护重要生物资源。建设海洋牧场首先要因地制宜开展人工鱼礁和海藻场建设等生态环境优化工程,并有针对性地增殖放流鱼贝类,增加鱼贝类资源量,为可持续渔获生产奠定生态环境和资源基础。"相比单一的增殖放流方式,海洋牧场之于生态修复具有长效性、系统性等优势。"人工鱼礁和海藻场为海洋生物提供了索饵、避敌、产卵、育幼的场所,为附着生物和底栖生物提供了附着基质和栖息空间,可提高近海海域的生产力和生物多样性。通过建设海洋牧场,可有效解决捕捞和传统养殖对海域资源的破坏和污染等问题。

资料来源:国际视野下的海洋牧场发展策略[EB/OL].(2020-06-08)[2023-07-18].https://www.aoc.ouc.edu.cn/2020/0609/c9824a289899/pagem.htm.

二、海洋、海岛旅游：面朝大海、春暖花开

数据显示，近年来，随着人们生活水平的提高，旅游消费市场持续增长，其中海岛旅游是最受欢迎的旅游产品之一。我国出国旅游游客中，赴海岛旅游的游客占 1/3，休闲度假型的海岛旅游成为国内游客最爱。例如，海陵岛作为华南地区知名的旅游海岛，海陵岛凭借优越的资源条件，纳入一系列国家级、省级海岛旅游规划。国务院发布的"十三五"旅游业发展规划中，海陵岛被纳入"海岛旅游目的地"规划，作为全国重点打造的"海岛旅游目的地"之一的重点建设区。

专栏 7-8　海陵岛

海陵岛是广东第四大海岛，中国十大宝岛、中国十大最美海岛之一，风景优美、海丝文化底蕴深厚，拥有"南海 I 号"博物馆和大角湾海上丝路 AAAAA 级景区，是广东省首个滨海类 AAAAA 级景区。2019 年，海陵岛接待游客量突破 1000 万人次，在省内同类景区中排名前列。2016 年底，海陵岛还被列为国家全域旅游示范区创建单位。在省级层面，2022 年 11 月，《广东省海岛旅游发展总体规划（2017—2030年）》出台，省内 195 个海岛纳入规划范围，打造世界顶级海岛休闲旅游集群，构建广东海岛旅游"一核一带，一湾三点"，阳江海陵岛被纳入"海上丝绸之路旅游带"和"三点"之一重点建设。海陵岛自身区位优势明显，紧邻粤港澳大湾区这个巨大旅游消费市场，占据旅游业发展的"地利"。2019 年初发布的《粤港澳大湾区发展规划纲要》提出构建多元旅游产品体系，建设粤港澳大湾区世界级旅游目的地。海陵岛作为广东海岛旅游的重要一极，将丰富粤港澳大湾区旅游内容，成为大湾区。

世界级旅游目的地的重要延伸和补充。大湾区拥有 7000 万人口，消费力强，风景优美、文化底蕴深厚的海陵岛将成为大湾区理想的海岛旅游目的地。海陵岛近些年抢抓海岛发展机遇，重大旅游项目纷至沓来，形成旅游业加快发展的"人和"。旅游产业资本纷纷看好海陵岛前景，招商引资形势喜人，悦榕庄、喜来登、保利顺峰、万豪、恒大、骏景豪庭、敏捷等重点旅游项目纷纷进驻海陵岛。除此之外，海陵岛在国内知名度进一步提升，受到国内游客和业界的一致好评。海陵岛连续 3 年被评为"中国十大最美海岛"之一，拥有首批国家级海洋公园、中国最佳滨海旅游度假胜地、中国最具特色旅游目的地、首批国家级中心渔港等

一批"国字号"品牌。

三、海洋的公共空间:海底电缆、科研场所

随着科学技术的发展和人类的开发利用,陆地空间显得越来越拥挤,海洋势必成为沿海国家经济和社会可持续发展的机遇和新的空间,正因如此,海洋空间的开发利用问题越来越引人关注。对全人类来讲,海洋是地球上最具生存与发展潜力的空间。

人们在海洋空间利用方面已做了不少工作,如设立海底实验室、架设跨海桥梁、开凿海底隧道、兴办海洋运输、填补人工岛、修建海底光缆等。

专栏 7-9　"宝瓶座"海底实验室

在美国佛罗里达州拉哥礁海海底,有一个名叫"宝瓶座"(Aquarius Reef Base)的海底实验室。它是当今世界仅存并仍在运作的海底研究站。"宝瓶座"被放置在海面下 20m 深处,外观好似一艘潜水艇,总重量 81t。科学家通常先乘船到它的上方,换上潜水装,再潜入海底。水瓶座基地,地处偏远,形状狭窄,且存在潜在危险,这使它成为美国宇航局开展培训和进行关键环境研究的理想场所。

在 1957 年以来建造的超过 65 个实验室中,宝瓶座实验室是世界上最后一个在水下工作的实验室。它由迈阿密的佛罗里达国际大学拥有和运营,驻扎在离基拉戈 6 英里的佛罗里达州国家海洋保护区。

舱体有一个 500 立方英尺的空间,里面有各种电脑设备、实验室、电力系统、窗户和卫生间等。另外还有一个大舱,里面有 6 张床位、电脑设备、两个大舷窗和厨房等。两个舱的生命支持控制系统都是相互独立的,可以单独降压升压。

科学家们主要在这里研究珊瑚、海草、鱼类等生物和水质等生态环境的变化,并记录自身在海底生活的各种生理状况。通常情况下,科学家可在实验室连续住上数星期,所需食物和工具都被装在防水的罐子里由潜水员定期送往实验室。

但是水下生活给科学家们也带来了不少困扰。由于"宝瓶座"里的空气浓度是水平面上的 2.5 倍,人体吸入氮的含量会随之增高,噪声会变得奇怪,耳膜也会感觉到不小的压力,就连食物的味道也会变得淡而无味。尽管面临如此困难,科学家们仍想通过海底实验室掌握更多人

类在水下生活所需的各种信息,期望有朝一日,人类能向更深的海洋探索。

第五节　海洋资源开发中的困境

一、海洋环境污染

海洋资源与人类有着密不可分的重要关系,海洋资源在供人类发展的同时也出现了诸多开发问题。海洋不是一个独立的存在,而是一个每部分都相互联系的存在。一个地方的污染影响的不单单是这个地方,影响的是全球环境。大量工业污水和生活废水的排放,不合理的人类工程、赤潮种类的引入都将造成海洋污染,同时海洋污染也来源于其自身的开发程度和海水养殖业。这些都表明了海洋的动态性和相互性,一些人单纯地以为只污染其他区域而不会对自己所在区域造成消极影响,这是极其错误的观念。从宇宙往下望,我们居住的星球是一颗美丽的蓝色水星,而无法被看见的是漂浮在美丽的蓝色上面的一层又一层的灰色——海洋污染。在众多的污染中,海洋污染是最容易被忽视的。人们习以为常地认为海洋有最强的自我净化能力,大海的垃圾会随着洋流进行着生生不息的转化,污染物质会随着洋流的运动传到其他海域,加快净化速度。但同时,陆地上的污染物质进入海洋之后,洋流可以把近海的污染物质携带到其他海域,使污染范围扩大。

专栏 7-10　墨西哥湾漏油事件与南海海洋污染

事件 1:2010 年 4 月发生的墨西哥湾漏油事件,又称英国石油漏油事故,这是人类历史上最大的海洋石油泄漏事件。起因是英国石油公司所租用的一个深海钻油平台发生井喷并爆炸,导致漏油事故。该意外导致了 11 名工作人员失踪及 17 人受伤,漏油持续了 87 天。根据美国政府估算,大约共泄漏了 490 万桶石油,而被油污影响的海洋面积达 10 万平方公里。这次漏油不仅影响了当地的渔业和旅游业,更导致了一场环境灾难。漏油影响的区域有 8332 个物种,包括 1270 种鱼类、2018 种鸟类、1456 种软体动物、1503 种甲壳亚门(例如螃蟹,虾、龙虾)、4 种海龟以及 29 种海洋哺乳动物。

更常见的是每天都在发生的另一种污染——塑料污染。寄居蟹一般来说是找海螺的壳作为寄居的保护壳。但是近年来,越来越多的寄居蟹开始寄居在各种各样人类丢弃的垃圾里,比如瓶盖、瓶子、灯头、乐高玩具,无奇不有。它们每天和垃圾生活在一起,自然而然地就地取材。塑料袋的使用随处可见,每分钟有 100 万个塑料袋,每年有超过 5000 亿个塑料袋在世界范围被使用。而平均每个塑料袋的使用时间只有 15 分钟。这些塑料袋可能需要 10～1000 年才能分解,塑料瓶可能需要 450 年或者更久的时间。2015 年发表在 *Science* 上的一项研究显示,每年有将近 800 万 t 的塑料污染进入到海洋,在海洋里漂浮的塑料将近 27 万 t。27 万 t 是什么概念? 它相当于 13.5 万千辆小汽车的重量。这个数字预计在 2025 年会翻一番。这些垃圾短期不能降解,这意味着到 2025 年,累积起来的垃圾将会是 800 万 t 的 20 倍。美国国家海洋和大气管理局估计每年有 10 万只哺乳动物、海龟和 100 万只海鸟死于海洋的塑料污染。

在我国,由热带气旋引发的风暴潮灾害十分频繁,对沿海地区的社会经济产生重大不利影响。以 2019 年为例,我国各类海洋灾害共造成直接经济损失 117.03 亿元,死亡(含失踪)22 人,其中,风暴潮灾害造成直接经济损失 116.38 亿元,占总直接经济损失的 99%。从单次海洋灾害来看,造成直接经济损失最严重的是 1909 号台风"利奇马"风暴潮灾害,直接经济损失 102.88 亿元。由此可见,重大、特大风暴潮过程往往会造成巨大的经济损失和人员伤亡,因此,做好重大、特大风暴潮过程的预警及减灾工作意义重大。

事件 2:南海对于广东有着重要的意义,南海的污染是刻不容缓的问题。南海是中国最深、最大的海,也是仅次于珊瑚海和阿拉伯海的世界第三大陆缘海。南海位居太平洋和印度洋之间的航运要冲,在经济上、国防上都具有重要的意义。南海位于中国大陆的南方。南海北边是中国广东、广西、福建和台湾四省,东南至菲律宾群岛,西南至越南和马来半岛,最南边的曾母暗沙靠近加里曼丹岛。浩瀚的南海,通过巴士海峡、苏禄海和马六甲海峡等,与太平洋和印度洋相连。南海面积约有 356km²,是中国最大的外海。

在 2009 年 5 月 13 日,国家海洋局南海分局 13 日公布了《2009 年南海区海洋环境质量公报》。这是我国第一次发布南海区环境质量公告。公告显示,南海区海域近岸水体营养盐污染严重。2005 年至 2009 年,南海未达到清洁海域水质标准的面积从 11200km² 增加到

30750km²，比 2008 年增加 21.3%。严重污染海域面积呈上升趋势，其中严重污染海域面积达 5220km²，四年间增加二倍多至 3800km²。水体中的主要污染物为营养盐，南海严重污染海域主要分布在珠江口以及江门、阳江、湛江和钦州等城市近岸局部水域。海水中的主要污染物是无机氮、活性磷酸盐和石油类。同时，近岸海域沉积物质量总体良好，部分贝类体内污染物残留水平依然较高。

河流携带入海的污染物总量依然较大。铜等重金属在珠江口海域的大气输入通量仍呈上升趋势。海洋垃圾总体数量处于较低水平。有 70.5% 的监测入海排污口超标排放污染物，部分排污口邻近海域环境污染呈加重趋势。河流携带入海的污染物总量依然较大，其中珠江携带入海的污染物占绝大部分。2009 年，南海区实施污染物入海总量监测的主要河流 10 条，全年流入海的河流排海的化学需氧量、石油类、重金属(铜、铅、锌、镉、汞)和砷等主要污染物总量约 111 万 t。

珠江口生态监控区，生态系统处于不健康状态。水体富营养化严重，83% 站位无机氮含量超第四类海水水质标准，深圳湾附近海域受活性磷酸盐污染严重。中华白海豚死亡数量创近年来新高，全年发现异常死亡 22 头。

海洋环境灾害方面，2009 年，南海区共发现赤潮 8 次，累计面积约 391.3km²，与 2009 年相比，赤潮发现次数相同，但累计面积升高。南海的污染带来一系列严重的生态危害——水体富营养化，中华白海豚死亡数量增加，赤潮面积升高……对广州，中国乃至所有人类造成的危害也在逐年增加。

傅赐福,郭洪琳,等.现代风暴潮预报技术及应用[M].北京:科学出版社,2023:3-10.

二、近海鱼类资源衰竭

根据《中国环境统计年鉴》的数据，2010 年，我国有 473 万平方公里的海域面积，其中，近岸海域面积约 27.9 万平方公里。按理说，如此广阔的海域应该有非常丰富的渔业资源，但是，随着总人口在 1982 年突破 10 亿大关，我国进入"人口高位运行"区间后，人们对海产品的需求越来越多，人口的就业压力也越来越大，这使得人们对海洋的索取越来越无度。于是，我国近海渔业资源的衰退和枯竭已成定局。

专栏 7-11　舟山野生大黄鱼走向奢侈品之路

大黄鱼本是一种产量高、存活率高的鱼。早期人们的捕捞技术简单,能给大黄鱼留有繁殖的余地,但是自从 1960 年的敲罟法作业传遍大江南北后,大黄鱼捕捞的产量直接从每年 5000t,飙升到 10 万 t。1974 年,发生了一件使大黄鱼损失严重的大事,当时春节刚过,浙江省就组织了 2000 对机帆船前往舟山渔场,当时的舟山渔场是大黄鱼的一个主要越冬场所。那一年的黄鱼特别多,船开过去,可看到海面下都是密密麻麻的鱼群。看到如此多的鱼群,眼睛红了的渔民们就开始了疯狂捕捞模式。当年,仅仅浙江省的大黄鱼产量就达到 16.8 万 t,然后是全国各地,前前后后赶来了 5000 多对机帆船,甚至就连韩国船也跑来捞走了 3 万～4 万 t。1974 年春天,保守估计大黄鱼捕捞量超过了 25 万 t。

但过量的捕捞,人们根本无法全部消耗掉。以至于不仅大黄鱼价格猛跌到每斤只有几分钱,甚至很多大黄鱼都不能得到很好的处理,只能腐烂在海岸边当肥料用……真是令人心痛。

那一场捕捞几乎是对大黄鱼的屠杀,以至于后来的老渔民们都说,1974 年的那场捕捞是他们最后一次见到铺满海面的大黄鱼。从此以后,大黄鱼的产量越来越少,以至于变成了东海奇珍,千金难求。

虽然野生大黄鱼自此之后变得稀少,但沿海居民对大黄鱼的喜爱并没有减少,再加上大家越来越有钱,追捧大黄鱼,也就让它变成了很纯的奢侈品。现在,野生大黄鱼被评定为 CR 等级,极度濒危的物种,比大熊猫还高两个等级。

思考:在舟山,为什么大黄鱼成为了奢侈品?

三、全球变暖导致海平面上升:全球主要城市淹没

全球海洋持续变暖,自 20 世纪 80 年代以来,海洋热浪的频率几乎翻了一倍,海洋表层 pH 值(氢离子浓度指数)呈持续下降趋势;北极海冰面积在所有月份均下降,其中夏季下降幅度最大,近 10 年北极夏季海冰面积可能处于过去 1000 年最低位。全球几乎所有冰川均在退缩,从 1992—1999 年到 2010—2019 年,冰盖消失的速度增加了 4 倍。气候变暖下的海洋热膨胀和冰川冰盖融化导致全球海平面上升,自 1900 年以来,海平面上升速率超过 3000 年内的任何一个

世纪。

全球海平面上升对于我们人类来说,主要的威胁就是会淹没沿海低地,特别是那些沿海的平原地区,以及一些海拔较低的岛屿国家。海平面上升对于人类的威胁是十分巨大的,因为那些沿海平原地区是我们人类分布最为密集的区域,许多城市如上海、天津、伦敦、纽约、悉尼都是沿海城市,如果海平面上升对于一些沿海城市就是一个巨大威胁。

专栏 7-12   海平面上升

海平面上升的直接结果,就是会导致沿海低地被淹没,那么世界上哪个国家会成为由于海平面上升而被淹没的第一国呢?

由于海平面上升,那么沿海地区当然就会被淹没,至于国家来说,如果一个国家可能被整体淹没的话,那么首先这个国家很小,其次这个国家的海拔很低。能够符合上述两个条件的国家那么显然是那些海拔不高的岛屿国家。

在各类岛屿中,珊瑚岛是平均海拔最低的,所以世界上第一个被淹没的国家必定是热带珊瑚岛国,这个问题的答案就是:图瓦卢。图瓦卢或将称为世界上第一个将要沉入海底的国家。

图瓦卢位于南太平洋,由 9 个环形珊瑚岛群组成。全国总人口为 1.1 万人,国土面积约为 $26km^2$,是仅次于瑙鲁的世界第二小岛国,同时也是世界上面积第四小的国家。

根据气象及海洋统计数据显示,从 1993 年到 2009 年的 16 年间,图瓦卢的海平面总共上升了 9.12cm,国土面积减少了 2%。按照这个速度推算,50 年之后,海平面将上升 37.6cm,这意味着图瓦卢至少将有 60% 的国土彻底沉入海中。

四、拉尼娜、南方涛动自然灾害频发

2022 年是自 2020 年以来的连续第三个拉尼娜年,拉尼娜对气候可能造成的影响再一次受到了人们的关注。拉尼娜(西班牙语"La Niña",意为"小女孩")是指赤道附近中东太平洋海面温度异常偏低的现象。与之相对应的还有厄尔尼诺(西班牙语"El Niño",意为"小男孩"),即赤道附近中东太平洋海面温度异常偏高的现象。

专栏 7-13　拉尼娜与厄尔尼诺的成因

由风带和洋流的知识我们可知,在中东太平洋的中低纬海区存在信风,这些信风带动表层海水,形成自东向西流的赤道暖流。

在拉尼娜事件中,信风偏强,导致赤道暖流流速加快。海水从东流向西,自然需要有海水在东侧补充。这些补充的海水大多来自深层或是秘鲁寒流,温度较原先流走的海水偏低。于是信风越强,东侧的海水温度越低,当温度低到一定程度时,就形成了拉尼娜事件。

厄尔尼诺事件与拉尼娜事件恰好相反。在厄尔尼诺事件中,信风较往常偏弱,甚至在有些时候还会存在小范围的西风。这就导致赤道暖流流速缓慢,暖水在中东太平洋堆积。当海温高到一定程度时,就形成了厄尔尼诺事件。

在厄尔尼诺发生时,由于信风减弱,高海温区向东移动,气流的辐合中心也相应地向东移。于是气流在太平洋中部甚至在靠近东侧上升并成云致雨,而太平洋西侧则对应地产生了下沉区,导致太平洋西侧低纬降水偏少,东侧低纬降水偏多。同时,东侧海平面高度升高,西侧海平面高度降低。此时从东亚的角度来看,由于太平洋西侧气压偏高,经向环流会减弱,这就导致在冬季,冷空气在整体上来说偏弱,易出现暖冬。在夏季,夏季风势力变弱,北上速度变缓,南方江淮等地多雨的可能性增大,而北方降水相应偏少。

在全球变暖的大背景下,拉尼娜和厄尔尼诺带来的影响具有更大的不确定性。例如根据国家气候中心统计,在 20 世纪 80 年代以前,拉尼娜与我国冬季气温偏低有着很好的对应性,而在 80 年代以后,拉尼娜年暖冬的出现概率开始增加,甚至在最近 8 次典型的拉尼娜年中,有4 年冬季偏暖,4 年冬季偏冷。

第六节　展望:人类的未来是海洋资源时代

一、蓝色粮仓

蓝色粮仓是指以保障国家粮食安全、优化食物生产格局为目标,以海洋空间为依托,以海洋生物资源开发利用为主要形式,以现代海洋高新技术广泛应用为特征,以海洋水产业及关联产业为主要载体的海洋食物生产系统,以及支撑这个系统的海域空间、生物资源、科学技术、人力资源、资本等生产要素。

我国拥有 300 多万 km^2 的蓝色国土,海洋空间资源、水体资源和生物资源蕴藏量巨大,具有广阔的开发潜力。自古以来,海洋一直是居民食物供给的重要来源,海洋水产品以动物性食物为主。海洋国土观念的强化、海洋工程技术的发展、现代交通物流体系的完善、居民饮食观念的改变,为开发以海洋国土为空间载体的蓝色粮仓创造了良好的条件。开发蓝色粮仓,不仅有利于缓解我国严峻而复杂的粮食安全形势,也为优化国土空间开发格局,统筹规划协调城镇化、工业化和农业现代化总体布局,实现国土资源、水资源、环境资源的科学有效利用,提供了一条可行路径。

专栏 7-14 海洋牧场 蓝色粮仓

在辽东半岛东侧、黄海北部的长山群岛之上,东北地区唯一海岛县、全国唯一海岛边境县长海,人们信心百倍、热火朝天地在海洋牧场上开拓创新、辛勤"耕耘",唱响着一曲"在希望的海洋牧场上"。7 月的大连气候宜人,海风凉爽海鲜肥美,游人如织也正是长海海洋牧场鲍鱼、海胆、牡蛎等海鲜出货的旺季。

发展海洋牧场,打造"蓝色粮仓",大连已初步形成了以长海县为先导,国家级海洋牧场示范区为重点的现代海洋牧场新格局,全市共创建国家级海洋牧场示范区 22 处,市级海洋牧场 4 处,海洋牧场发展水平在全国沿海城市中名列前茅。大连海水养殖产量占全市水产品总产量的 80%,因此确保了休渔期也能有充足的海鲜供应市场。

在这片充满着希望的海洋牧场上,向着"两先区"建设的方向("两先区"是产业结构优先化的先导区和经济社会发展的先行区),人们全力以赴,着力转变发展方式,持续优化、调整产业结构,坚持走高质量发展之路,依靠技术进步、科技创新为海洋牧场发展提供新的动能!

二、能源来源

海洋能通常指海洋中所蕴藏的可再生的自然资源,主要为潮汐能、波浪能、海水温差能、海水盐差能、海流能(潮流能)等。更广义的海洋能源还包括海洋上空的风能、海洋表面的太阳能以及海洋生物质能等。究其成因,潮汐能和潮汐能来源于太阳和月亮对地球的引力变化,其他均源于太阳辐射。

专栏 7-15　海洋新能源

1. 潮汐能

潮汐能指在涨潮和落潮过程中产生的势能。潮汐能的强度和潮头数量和落差有关。通常潮头落差大于 3m 的潮汐就具有产能利用价值。潮汐能主要用于发电。

2. 波浪能

波浪能是指海洋平面波浪所具有动能和势能,是一种在风的作用下产生的、并以位能和动能的形式由短周期波储存的机械能。波浪能主要用于发电,同时也可用于输送和抽运水、供暖、海水脱盐和制造氢气。波浪能利用的几种基本原理:利用物体在波浪作用下的震荡和摇摆运动;利用波浪压力的变化;利用波浪爬升将波浪能转换成水的势能等。

3. 温差能

海水温差能是指海洋表层海水和深层海水之间水温差的热能,是海洋能的一种重要形式。低纬度的海面水温较高,与深层冷水存在温度差,而储存着温差热能。

温差能的主要利用方式为发电,首次提出利用海水温差发电设想的是法国物理学家阿松瓦尔,1926 年,阿松瓦尔的学生克劳德试验成功海水温差发电。1930 年,克劳德在古巴海滨建造了世界上第一座海水温差发电站,获得了 10kW 的功率。温差能利用的最大困难是温差大小,能量密度低,其效率仅有 3% 左右,而且换热面积大,建设费用高,各国仍在积极探索中。

4. 海流能

海流能是指海水流动的动能,主要是指海底水道和海峡中较为稳定的流动以及由于海洋能潮汐导致的有规律的海水流动所产生的能量,是另一种以动能形态出现的海洋能。

海流能的利用方式主要是发电,其原理和风力发电相似。全世界海流能的理论估算值约为 $10^8 kW$ 量级。利用中国沿海 130 个水道、航门的各种观测及分析资料,计算统计获得中国沿海海流能的年平均功率理论值约为 $1.4 \times 10^7 kW$。属于世界上功率密度最大的地区之一,其中辽宁、山东、浙江、福建和台湾沿海的海流能较为丰富,不少水道的能量密度为 $15\sim30kW/m^2$,具有良好的开发值。特别是浙江的舟山群岛的金塘、龟山和西侯门水道,平均功率密度在 $20kW/m^2$ 以上,开发环境和条件很好。

三、深海探索

伴随深海探测技术的发展,人类深入认识深海的时代正在来临。500 年前达·芬奇设计潜水服、150 年前儒勒·凡尔纳写《海底两万里》,当时的科学幻想如今正在成为现实。

从科学角度看,探索深海能够帮助人类深入了解海洋的奥秘、地球的奥秘。水深超过 2000m 的深海,占据地球表面的 3/5,无论温室气体排放的归宿,还是气候长期变化的源头,都要追溯到海水深层。不仅如此,海底是距离地球内部最近的地方:大陆地壳平均 35km 厚,大洋地壳则为 7km。揭示板块运动的规律、窥探地球内部的真相,也要到深海底部进行探索。

从经济角度看,深海蕴藏着丰富的矿产、油气和生物资源。目前,海洋石油产量占世界石油产量的 30%,高居世界海洋经济首位,其中发展最快的是深水油田。近年来全球重大油气发现,70% 来自水深超过 1000m 的水域。海底有待开发的资源非常丰富,现在还只是起步阶段。比如海底的微生物新陈代谢极其缓慢,生殖周期在千年以上,但人类尚不知如何利用其"长寿基因";太平洋一片深海黏土所含的稀土元素可供人类使用几十年,但开采利用技术尚待研发。

专栏 7-16 深潜:深海探索的尖兵

明代《天工开物》中就有关于潜水的记载:屏住一口气潜入海底"没水采珠"。但是海水每加深 10m 就增加一个大气压,深海下潜只能在某种容器里进行。

20 世纪晚期,人类在克服地心引力进入太空的同时,也顶住水柱压力进入深水海底。经过潜水钟、潜水球的试探,1960 年,"的里亚斯特"号深潜器下潜到太平洋马里亚纳海沟水深 10916m 的海底,将两个人首次送入地球表面的最深处。经过几十年的探索,现在的深潜器已经发展为作业型,配有动力系统和各种取样设施,成为深海探索的尖兵,其突出贡献是 1979 年在东太平洋发现黑烟囱热液系统。20 世纪 80 年代,美国、法国、苏联、日本分别建造了载人深潜器,最深可以潜入 6500m。

　　我国深海科技起步较晚但发展迅速。2012 年,"蛟龙"号载人深潜器下潜至 7062m,创世界同类作业型潜水器最大下潜深度纪录。2017 年,4500 米型的"深海勇士"号载人深潜器正式投入使用,国产自主率超过 95%。目前,万米级全水深的载人深潜器已经处于试验阶段,我国正迈向国际深潜设施制造前列。正是通过载人深潜,我国在南海发现了海山上成片的多金属结核、古热液区和冷水珊瑚林,在西南印度洋勘查了金属硫化物矿点。

　　随着自动化和人工智能的发展,探索深海也可以不用人类亲身下潜。20 世纪 70 年代以来迅速发展的非载人深潜器,同样可以进行许多项目的科学探索,而且具有成本低、效率高的优势。世界上载人深潜器为数稀少,无人遥控潜水器则已广泛使用。由于有脐带缆和母船连接,遥控潜水器有充足的能源保障,不仅可用于长时间的科研考察,更是当前水下工程作业的主力。我国 20 世纪 70 年代末开始研制非载人深潜器,进展迅速,"海马"号 4500 米级遥控潜水器、"潜龙"号无人无缆自主潜水器、"海龙"号无人有缆潜水器等,正在壮大着我国深潜器的阵营。

四、海洋旅游资源

　　近年来,随着亚洲各沿海国家和地区海洋产业对外开放程度显著提升,海洋经济合作潜力被深度挖掘。海洋旅游作为海洋经济发展的支柱产业之一,充满强大的势能,为区域经济发展注入新动力。海洋旅游业既是海洋经济发展的新业态,也是旅游业发展的新领域,对其研究一直备受学界关注。

专栏 7-17　国际旅游岛

　　海南:2009 年 12 月,国务院发布《关于推进海南国际旅游岛建设发展的若干意见》。2020 年 6 月,中共中央、国务院印发了《海南自由贸易港建设总体方案》。方案明确,围绕国际旅游消费中心建设,推动旅游与文化体育、健康医疗、养老养生等深度融合,提升博鳌乐城国际医疗旅游先行区发展水平。

　　福建平潭:2016 年 9 月,国家发改委批复同意《平潭国际旅游岛建设方案》。方案提出,到 2020 年,国际旅游岛建设全面推进,独具特色的旅游产品体系基本形成。到 2025 年,国际旅游岛基本建成,成为两岸同胞向往的幸福家园和国际知名的海岛休闲度假旅游胜地。

广东横琴:2019 年 3 月,国务院批复了《横琴国际休闲旅游岛建设方案》。方案提出,加快构建以休闲旅游业为核心的现代产业体系,深入推进粤港澳更紧密合作,促进澳门经济适度多元发展,打造粤港澳深度合作示范区,逐步将横琴建设成为面向未来、国际品质、生态优先、协同发展、智慧支撑的国际休闲旅游岛。

五、海上交通

随着国际摩擦、大国较量等国际事件频发,海洋的价值和地位被我们逐渐重视。陆地是人类赖以生存的地方,海洋则扮演着人类文化交流和物资交换的重要角色,全球货物交易的 90% 都需要通过海洋运输。

未来的海上交通,随着无人机、无人车等陆续变成现实,无人船的出现也指日可待。由于无人乘坐,无人船可以建造得更加坚固,避免了灾害天气以及海盗侵袭的困扰。当无人船加入海洋网络系统,海上所有的通信、航行状态、视频等等信息,人类在大本营可以清晰知道这些情况,并且提前做出预判,做好航线,规避可能的风险。这毫无疑问是会实现的。

六、走向全球治理的海洋

海洋孕育了生命,联通了世界,促进了发展。构建海洋命运共同体理念,是构建人类命运共同体重要理念的有机组成部分。积极参与和推进全球海洋治理,也已成为推动构建海洋命运共同体的具体行动。

当前和今后一段时间,如何将构建海洋命运共同体理念,从宏观叙事的大写意转变为精雕细琢的工笔画,让全球海洋治理的中国理念、中国方案,成为国际共识、全球行动,是需要精细谋划、着力破解的实践课题。

专栏 7-18　全球海洋治理并不遥远

全球海洋治理,与我们的生活息息相关。

20 世纪以来,受全球气候变暖引发的海水增温膨胀、陆地冰川和极地冰盖融化等因素影响,全球海平面持续上升。几十年来,格陵兰冰盖加速融化。如果其全部融化,全球海平面预计会上升 7m。假如海平面上升 1m,就可能淹没部分小岛。

正是由于共同面临海平面上升导致被淹没的威胁,分布在太平洋、加勒比海等地的几十个小岛屿及低海拔沿海国家组成了"小岛屿国家联盟"。这些国家国土面积不大,人口也不多,但负责管理占地球表面1/5面积的海洋环境,其对全球海洋治理的呼声不容忽视。

尽管中国沿海城市短期内尚未面临被海水淹没的威胁,但海平面上升也加剧了海洋灾害影响。2021年《中国海平面公报》显示,1980年至2021年,中国沿海海平面上升速率为3.4mm/年。2021年,中国沿海海平面较常年高84mm,为1980年以来最高。如今,长江口和钱塘江口咸潮入侵程度总体加重,沿海省份局部地区海岸侵蚀加剧,海水入侵范围加大。

海平面上升,仅仅是众多全球海洋治理问题的"冰山一角"。目前,全球海洋治理领域还包括海水酸化、海洋微塑料污染和非法、不报告、不管制捕鱼等热点问题,而海洋生物多样性保护、国际海底区域和南北极治理,也是持续受到关注的重点议题。

当前,联合国正在主导进行国家管辖范围以外区域海洋生物多样性的养护和可持续利用问题的政府间谈判,涉及海洋遗传资源分配、环境影响评估、公海海洋保护区等海洋资源开发与环境管理的诸多问题。这些既是海洋治理的前沿问题,也是全球治理的重要议程。

放眼未来,我们应充分考虑中国正从海洋大国向海洋强国身份定位的转变,着眼今后海洋利益拓展等因素,积极参与全球海洋治理,提升全球海洋治理话语权与影响力,成为全球海洋治理的推动者。

参考文献

[1] 杜晓慧.新时期我国矿产资源区划工作探讨[J].矿物学报,2015,35(1):811.

[2] 王淼,高伟,贾欣.海洋空间资源性资产产权特征及产权效率分析[J].海洋环境科学,2010,29(2):276-279.

[3] 王淼,李蛟龙,江文斌.海域使用权分层确权及其协调机制研究[J].中国渔业经济,2012,30(2):37-42.

[4] 翁里,肖羽沁.国际海洋矿产资源开发中的污染问题及其法律规制[J].浙江海洋学院学报(人文科学版),2016,33(3):1-5.

[5] 易爱军,刘宣仪.基于灰色预测法的江苏省海洋经济绿色核算[J].淮海工学院学报(自然科学版),2016,25(1):89-92.

［6］ 于大江.近海资源保护与可持续利用［M］.北京：海洋出版社，
　　　2001：128.

［7］ 于福江，傅赐福，郭洪琳，等.现代风暴潮预报技术及应用［M］.北京：科
　　　学出版社，2020：3-10.

［8］ 自然资源部.2019年中国海洋灾害公报［EB/OL］.（2020-04-30）［2023-
　　　02-23］.http://gi.mnr.gov.cn/202004/t202004302510979.html.

第八章 太空、景观资源与人类生活

第一节 太空与太空资源

人类活动范围经历了从陆地到海洋、从海洋到大气、最后从大气到外太空的逐步扩大过程。太空资源的不断探索使地球上的人类社会开始发生改变,包括观念和生活,这是一种进步的表现。1969 年,阿波罗载人登月计划从月球带回了 380 公斤的岩石和土壤样本。从那时起,世界各国都注意到并发现了空间资源的巨大潜在价值。为了不断拓展人类的生存空间,高效利用太空及景观资源,从 20 世纪中叶开始,各国陆续开始了太空探索活动,通信、气象、遥感和科研等多用途的卫星数量越来越多。

一、太空与太空资源概念

太空主要是指以地球大气层为界,高于大气层以外的宇宙空间。而太空资源则是存在于宇宙空间中可以被人类利用的资源,这些资源往往是地球稀缺的且不可再生的。中国科学院国家授时中心将太空资源定义为泛指太空中客观存在的、可供人类开发利用的环境和物质。其中主要包括相对于地面的高远位置资源、高真空和超洁净环境资源、微重力环境资源、太阳能资源、月球资源、行星资源等。太空中可用的资源比地球上丰富得多,比如在太阳系中,月球、火星、小行星等天体上都有丰富的矿产资源,在类木行星和彗星上有丰富的氢能资源。在行星空间和行星际空间,有真空资源、辐射资源、大温差资源,且其太阳能利用效率远高于地球。这些资源丰富且极具利用价值,任意一项资源的开发都可以为人类带来巨大的利益。

二、太空资源的分类

太空资源大致可分为三类:

(一)轨道资源

轨道资源可以被认定为相对于地球表面高远位置资源。各国发射的航天器可以在人类设定的特定轨道中沿地球做环绕运动。卫星在轨道中运行的同时可以覆盖大范围的地球表面,这能够帮助人类快速高效的达到通信、遥感和定位等目的。

正如人类发展的今天离不开通信、遥感等技术,若能够快速抢占太空轨道资源,这对于国家层面是一个强有力的优势。例如美国马斯克自 2015 年开始部署的"星链计划",该计划预计发射约 1.2 万颗通信卫星到特定轨道中,其中近地轨道(地球上空约 550km 处)1584 颗。2022 年该计划预计发射数量再增加 3 万颗,并采用全新的二代"星链",截至 2022 年 3 月,"星链"已为美国、英国、加拿大、澳大利亚、新西兰和墨西哥等国的 25 万名用户提供互联网接入服务。尽管"星链"被定义为一个商业卫星网络,但其军事用途也不容忽视。"星链"卫星的应用包括电信、卫星图像和遥感。这些也可以应用于军事领域,能进一步提高美国军队的作战能力,如通信层、地面和全天候侦察、空间态势感知、天基防御和打击能力。此外,"星链"计划的卫星网络可以解决美国本土和海外军事基地之间的无缝连接问题,也可以解决 5G 网络部署的频谱未被保留和负担不起的问题。而这一直是美国国防部长期以来的难题。

专栏 8-1 茫茫空间的定位神器—卫星导航系统

卫星导航系统是一种以人造地球卫星为基准的无线电导航与定位系统,用户通过接收多颗卫星的导航信号,测量并计算出自己的三维坐标、实时速度和精确时间。1964 年 7 月,美国多颗导航卫星正式组网运行,成为第一代卫星导航系统。到 20 世纪 70 年代初,美国开始研制第二代导航卫星——"导航星",组网成为"全球定位系统",就是大家非常熟悉的 GPS。除美国的 GPS 外,第二代卫星导航系统还有俄罗斯的格洛纳斯(GALONAS)、欧盟的"伽利略"(GALILEO)系统,以及中国的"北斗"卫星导航系统(BDS)等。2020 年 7 月 31 日上午,北斗三号全球卫星导航系统建成暨开通仪式在人民大会堂举行,中共中央总书记、国家主席、中央军委主席习近平宣布北斗三号全球卫星导航系统正式开通。"北斗"卫星导航系统是由中国自主研发、独立运行,可全天候全天时提供导航定位信息的系统。目前,卫星导航系统已广泛应用于指挥控制、精确打击、战场机动、导航定位、态势感知和火力协同等各个方面,在现代战争中发挥着越来越重要的作用。

资料来源:袁静伟,柴宏亮,曾小萌遨太空的奥秘[J].小溪流(儿童

号),2022,958(12):51-56.

（二）环境资源

在第一部分提到的轨道资源中,卫星在宇宙中围绕设定的轨道飞行,其周围存在的超高真空和超洁净环境、强辐射环境以及丰富的太阳能即被称为环境资源。当然,还包括人类利用航天器在其内部利用微重力环境制造出来的那些地球上无法生产和自然获取的材料和生物制品。并且,在空间粒子辐射环境下,人们发现从地球带入太空的农产品育种会引起变异现象,将其带回陆地繁殖,出现产量翻倍的现象。

1987年,中国首次将水稻、辣椒等农作物种子送上天,最初只是想了解种子经过太空搭载会发生什么变化。截至2020年9月,我国先后30多次利用返回式卫星、神舟飞船、天宫空间实验室和其他返回式航天器搭载植物种子,已在千余种植物中培育出700余个航天育种新品系、新品种。通过太空育种,培育出了一批新的突变类型和具有优良性状的新品种。例如水稻种子经卫星搭载,获得了植株高、分蘖力强、穗型大籽粒饱满和生育期短的性状变异,增产20%,单季亩产400~600kg,最高达750kg,蛋白质含量增加8%~20%,氨基酸总含量提高53%。太空小麦被培育成具有短茎、早熟、抗倒伏、抗病、高产和高蛋白含量等特点。在太空育种领域,我国始终保持领先水平,2022年12月4日20时09分,神舟十四号载人飞船的返回舱成功降落在东风着陆场。返回样品中,在太空中生长了120天的水稻和拟南芥种子已经经历了从种子到播种的整个生长过程。

（三）矿物资源

近地小行星(near-earth asteroid)富含铂、钯、镍、金等稀有金属和其他未知资源。月球岩土中含有地壳里的全部化学元素和约60种矿藏,其中包括地球极为稀缺的同位素氦^{3}He能源,这是核聚变反应堆理想的燃料。

专栏8-2　美国对太空矿物资源的行动

2017年,美国航天局提出要在2022年前往一颗叫做"16 Psyche"的金属小行星——"灵神星",并进行矿产资源的开采。这颗小行星距离地球大概有3.7亿km,内部几乎全是黄金、铂金等金属物质,直径有200多km,它也是太阳系里体积最大的小行星。但是矿物资源的开采并非易事。早在2012年,美国就有一家名叫"Planetary Resources"行星资本公司被建立了起来,美国政府甚至宣布将"太空采矿"私人合法化,掀起了一大波热度,仿佛当时的太空技术已经足以支撑人类前往太空进行挖矿。只是这家公司成立于 2012 年,并在 2016 年还接受过卢森堡政府的投资,但直到现在还没有出现突破性的进展。根据现有的人类科技而言,如果想要从太空获得矿产资源,目前来说有两种方法——其一是将小行星运回地球的附近来开采,其二是就在小行星上面开采,然后运回来。技术上的问题,如果是比较小的小行星,还能粗暴地用勾爪一样的东西将其抓回地球,如果是体型稍微大一点的,则需要将航天器固定,停止运行。这就像是一艘航船,如果想要它禁止或者靠近港口,就需要抛出船上的船锚,否则航船将会越漂越远。航天器也是如此,只有将它的位置固定在小行星表面,才能进行下一步的操作,否则只能是空谈。再则就是采矿了,地球上的采矿技术来到太空,因为后者极低的温度和压强,原本在地球上通常使用的充当润滑或者吸附尘土的水将会无法正常工作,甚至哪怕是开矿用的钻头进行钻孔,也可能会对本身和小行星地表都造成一定的损毁。同时太空的恶劣环境也是太空采矿需要克服的难点,在太空中没有地球大气层的保护,强烈的紫外线等辐射将会直接对设备造成损坏,并且有部分材料因为性质不稳定,在真空环境下也会出现问题。再加上太空的微重力状态,将在地上还是地下采矿,要如何采矿等等都是需要克服的问题。

资料来源:科学领域创作者,NASA 拟探测金属行星,开启太空"挖矿"之旅,到底有多难?[EB/OL].(2021-11-23)[2023-03-28] https://baijiahao.baidu.com/s? id = 1717165826777287861&wfr = spider&for = pc.

第二节　太空资源的利用与应对

《世界政治经济》指出:21 世纪人类最具有战略意义的资源有四种,其中就包括了太空资源。太空是没有国界和主权的地方,太空资源是人类共同的财富,各国就如何获取和对待太空资源的态度各有迥异。为了实现人类对太空资源的公平利用,1999 年在美国科罗拉多州召开了首届太空资源利用圆桌会议(SRR)。但就发展后的几年,各国对于太空资源开发的活动内容、战略目标和利益侧重点大致可以分为两类:一类是以美国为代表的以市场作为主导、以利润作为目标的商业太空开发;另一类是以俄罗斯、中国、日本、印度等航天大国为代表的以国家作为主导、以安全作为目标的太空开发。

一、太空资源的争夺

自第二次世界大战结束以来,随着科学技术的迅速发展,空间已成为大国之间战略竞争的一个关键领域,在冷战期间,它处于美国和苏联之间对抗的最前沿。太空竞赛和冷战对抗是联系在一起的,极大地影响了战后国际关系的进程。冷战结束后,太空竞争进入了美国、欧洲和新兴太空国家之间的新的博弈阶段,展开了一场激烈竞争和深度合作的博弈。近年来,大国之间的太空主导权之争再起波澜,成为当前全球治理体系变革中不可忽视的一个重要变量。

(一)美国

美国一直将太空视为国家战略资产,在这一轮太空战役中,将太空军事化作为其最高优势,通过联合联盟加强太空集团的活动,辅之以通过公私伙伴关系在太空商业化方面的先发优势,并寻求实现对太空的全球主导地位,以维护其在新周期的战略安全。

美国已经率先创建了太空部队。早在 2018 年 6 月,特朗普就呼吁建立一支太空部队,以遏制太空中的"恶意行为者",2019 年 12 月,美国太空军正式成立,成为美国武装部队中继陆军、海军和空军、海军陆战队和海岸警卫队之后的第六个分支。暂时隶属于美国空军的 PAF 预计将有 16000 名空军和文职人员;2020年 5 月正式开始招募。PAF 位于空军内部,由空军总司令领导,他直接向空军部长报告,并自动成为参谋长联席会议的一员。现任太平洋空军司令约翰—雷蒙德于 2020 年 1 月上任。2020 年 6 月,五角大楼正式发布了自 PAF 成立以来的第一个太空防御战略,重申太空是一个作战领域,并将其纳入美国国家联合行动计划,并提出从侧重于识别和定位人造物体的太空态势感知,逐步转向侧重于军事活动的太空领域感知。2020 年 11 月,太空部队指挥官约翰—雷蒙德公布了《太空作战指挥规划指南》,这是太空部队愿景的官方指南,并建立了太空部队的指挥和控制框架。特种作战部队的明确优先事项包括改善安全,发展士兵和创建一个数字机构以加速创新。

(二)日本

日本自卫队的第一支太空作战部队于 2020 年 5 月成立,最初有大约 20 人,预计到 2023 年将达到 100 人,届时将全面投入使用。该部队的主要任务是保持持续的太空监视,并密切监测来自其他国家的可疑卫星和太空喷气机的动向。根据 2020 年 7 月公布的国防部新白皮书,日本计划加强其太空、网络和电磁战能力,并建立太空作战小组系统和太空情报系统,以创建一支"真正有效、多维和综合的军事力量"。

（三）英法德奥

英国自 2018 年以来，英国每年都举行国防空间活动会议，试图建立一个由英国主导的"与国际空间伙伴的战略联盟"。2020 年 7 月，英国国防部公布了一份综合防御评估报告，其中指出，国防将"在空间、网络和水下行动等新领域开展更多工作"。2020 年 11 月，英国政府批准了自冷战结束以来最大的一次性国防预算增长——未来四年 219 亿美元，主要用于太空和网络防御等先进技术部门，并计划在 2022 年前建立英国太空司令部。

法国 2019 年 7 月，宣布空军将更名为空军和太空部队，将建立一个军事太空司令部，计划的预算为 50 亿欧元。

德国空间作业中心将于 2020 年 9 月开始工作，对可能对其他物体构成威胁的空间物体和碎片进行探测和编目。它最初将有 50 名工作人员，到 2031 年增加到 150 人。

澳大利亚 2020 年 2 月，国家航天局正式宣布成立，目前的工作重点包括卫星制造、地面设备和发射工业；7 月，澳大利亚宣布了到 2020 年的新国防战略，计划在未来十年内投资 51 亿美元发展太空能力；9 月，澳大利亚空军向太空发射了其第一枚火箭。

二、太空资源治理

随着科学技术的发展和空间探索机会的增加，越来越多的国家和机构对投资开发和利用空间资源感兴趣，导致太空公共问题凸显。商业卫星的军事用途，如俄乌冲突期间的"星链"卫星，进一步加剧了空间的军事化。此外，"空间的军事化已经开始形成"。特朗普政府不仅创建了太空部队，并在《国家太空战略》中明确提出太空军事化，还将太空作为"作战领域"，并试图使太空武器的发展合法化。空间技术的发展给空间制度和相关国际法带来了众多挑战。

（一）太空治理规则框架的形成

1958 年，在联合国大会第十三届会议上，表决通过了《关于外层空间的决议》，首次指出外层空间应被用于和平目的，外层空间的法律制度应受《联合国宪章》约束。为此，联合国成立了一个和平利用外层空间特设委员会（1959 年更名为和平利用外层空间委员会），专门处理空间问题。

1959 年，苏联提议成立和平利用外层空间委员会，取代外层空间特设委员会。成员由原来的 18 个国家增加到 24 个，增加了四个社会主义国家，包括匈牙利。美国作出妥协，同意了苏联的提议。包括美国、英国、法国、加拿大、意大利和日本在内的 12 个国家组成了西方集团；印度、奥地利、黎巴嫩、瑞典和泛阿拉伯国家组成了所谓的中立国家集团；而苏联、波兰、匈牙利和其他七个社会主义国家组成了社会主义国家集团。大会于 1963 年通过的 1962 年决议"关于各国探索和利用外层空间活动的法律原则宣言",构成了联合国和平利用外层空间委员会的基础,为外层空间的治理制定了规则。划定的东西方领域将中国排除在外,制定的空间规则有利于美国和苏联的空间霸权,为美国和苏联的两极化服务。即使在中国于 1970 年成功发射卫星,并成为一个航天国家之后,美国和苏联仍将中国排除在该外空委成员之外,这种情况直到 1980 年才改变。值得注意的是,作为保护美国和苏联等航天国家利益的文书,《部分禁试条约》也将中国排除在外。

大部分基本的空间治理框架是在冷战期间形成的,是美苏妥协的结果。这种空间治理框架在很大程度上维持了空间的两极模式,成为冷战期间维持空间秩序的基础,并在美苏两极对抗期间对维护世界和平起到了积极作用。然而,自冷战结束以来,特别是进入 21 世纪以来,国际空间环境发生了重大变化,空间多极化的趋势明显。然而,没有改变的是,美国仍然是一个超级大国,冷战期间建立的空间治理规则仍然适用。随着所有这些变化,对新规则的要求已经出现,空间大国加强了对空间治理规则的斗争。国际规则的建立和修改植根于此时国际大国的动态,因此国际规则显然是现代的。两极体系崩溃后,美国成为唯一的超级大国和空间领域的主导力量,但空间治理框架至今仍在使用,因为国际规则不仅是现代的,而且是历史的。

冷战结束后,中国和俄罗斯在 2008 年和 2014 年提出了《防止在外空放置武器、对外空物体使用或威胁使用武力条约》(PPWT)草案及其修正案、《防止外空军备竞赛条约》(PAROS)和《不在外空放置第一种武器条约》(NFP);欧洲联盟提出了《空间活动行为守则》(COC);联合国和平利用外层空间委员会提出了《空间长期可持续性倡议》(LTSSA);联合国大会积极支持建立外层空间透明度和建立信任机制(TCBMS)。然而,与此同时,国际空间政策面临许多挑战,因为许多老问题和新现象重叠在一起。见表 8-1。

表 8-1　国际太空治理发展阶段与影响因素一览

发展阶段	国际太空治理的萌芽阶段	国际太空治理的规则构建阶段	国际太空治理的加速发展阶段
时间范围	20 世纪 50 年代到 60 年代初	20 世纪 60 年代中期到 20 世纪 80 年代	20 世纪 90 年代至今
太空权力结构	美苏争霸,太空成为军事活动最前沿和国家利益的新边疆	在美苏争霸的同时,发展中国家崛起,为了维护主权和国家利益,在太空治理领域与发达国家针锋相对	两极格局瓦解,太空领域"一超多强"的多极化局面形成,美国在太空领域的单边主义、霸权主义行为与其他国家的利益形成矛盾和冲突

续表

发展阶段	国际太空治理的萌芽阶段	国际太空治理的规则构建阶段	国际太空治理的加速发展阶段
太空治理制度	确立了国际太空治理基本原则	由联合国主导,构建太空治理系统性的制度体系	国际太空治理机构发挥重要的作用,但治理制度局限性逐渐暴露
太空治理主要议题及引发的观念互动	共同遏制因超级大国日益膨胀的野心导致太空军事化进程加速状态,强调外层空间是人类共同利益所在	注重外层空间开发的公共性与和平性,延缓美苏军备竞赛向太空延伸的趋势	提倡公平性、正义性和包容性;主张加强联合国领导作用,在太空治理中增加发展中国家的发言权和参与权;对太空治理领域的非传统安全问题越来越重视

资料来源:张磊.国际太空治理探析:历史演变、影响因素与中国的参与[J].国际观察,2022(6):107-129.

(二)各国对国际太空资源治理的立场

美国:支持太空资源开发和太空商业化开发,发挥企业的主体作用,为企业搭建稳定的法律框架。太空资源开发确权,减少对企业的干预和限制,积极推动企业的投资、研发等活动。

欧盟:强调国际协商一致管理太空资源开发;支持太空环境保护、灾害应对、可持续发展的合作。确保国家进入空间的机会平等,确保全人类对太空惠益共享。

中国、俄罗斯:建议太空全球治理以国际法为基础和框架,聚焦合作,避免单边治理。强化并保护国家的太空经济政治利益,争取国际话语权,保留本国企业的发展空间。

发展中国家:强调建构太空资源分配与利益共享机制,强调技术转让和能力建设,注重资源收益的惠益共享。

(三)近年太空资源掠夺动向分析(美国)

2006年9月,美国战略司令部将太空和全球打击联合职能司令部分为太空联合职能司令部和全球打击与一体化联合职能司令部。经过战后60多年的发展和演变,美军太空部队,特别是太空机构系统,经历了许多适应和变化,逐步建立了相对稳定的范围和结构。美军开展太空作战的组织结构和组成力量已经形成了太空的三级指挥和组织结构。见图8-1。

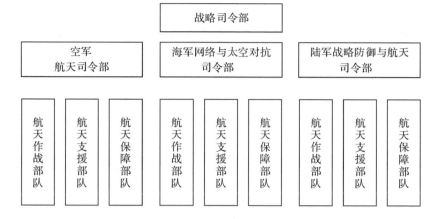

图 8-1 美军太空作战组织力量结构图

资料来源：周碧松.浩渺太空的竞相角逐[M].北京：军事科学出版社，2014.

近年来，美国政府及其决策机构相继颁布一系列太空法规和政策，并对美国现行太空战略不断进行调整，其相关动向引起了国际社会高度关注。

2018年1月，美国国防部公布了新版《国防战略》，首次将太空作为战斗空间纳入战略的最高层次。2018年3月，美国政府公布了新版《国家太空战略》，旨在通过军事和商业太空法规的改革，加强对美国太空利益的保护。2018年4月，美国参议院公布了新版《太空作战命令》(JP3-14)，首次提出了"太空共同战场"的概念，明确将太空作为一个战场，并提出美军未来的作战目标是赢得太空战争。2020年6月，美国国防部公布了《国家太空防御战略》，指出太空是美国必须争取的战略空间，并将建立太空军事优势和整合联合作战系统列为优先事项。美国空间政策优先框架，强调美国将在其盟友中发挥主导作用，为空间活动制定规范和监管制度，并进一步加强全球空间治理。

美国在太空领域的密集动向表明，美国政府已经把注意力重新转向太空，争夺空间竞争战略优势的步伐进一步加快。究其本质，主要有：抢夺太空战略资源、巩固太空单极强权、引发太空军备竞赛。美国的霸权主义和强权概念在太空领域得到了充分的应用，其提出的太空博弈战略超越了简单的战争游戏，将建设和发展太空力量视为"国家目标"，强调对太空的统一渗透。美国白宫在《追求太空优势》的报告中提出，美国对太空采取统一的方法，通过军事、外交、经济和立法手段追求太空优势。美国白宫行政命令《寻求国际支持开发和利用空间资源》指出，"空间是一个法律上和物理上独特的人类活动领域，美国不认为它是一个全球公域"。随着太空威胁指数的恶化和太空竞赛时代的到来，美国的技术优势有望加快太空探索的步伐。

（四）中国的太空资源开发基本立场

具体而言,中国应兼顾长期和短期利益,明确自己在经济和政治上的核心地位,积极参与和主导空间资源开发机制的设计和开发,为中国企业保留空间,保护企业、产业和资本的利益,确保投资和实验的安全。

作为一个新兴的空间大国,中国在空间的许多方面都有着力点,包括制度稳定、国家安全和国家发展。包括中国在内的大多数国家都呼吁建立一个公平、公正的空间制度和一个稳定的空间制度,以实现空间的可持续发展,造福人类。习近平总书记在党的十九大报告中强调,中国"始终做世界和平的建设者、全球发展的贡献者、国际秩序的维护者。"体现了中国的战略眼光和坚定信念、中国政府在 2016 年《中国的空间政策》中强调,中国应在国际规则制定中发挥积极作用,加强中国在国际法律体系塑造中的影响力和吸引力,利用中国致力于法治的优势,适应争夺空间规则制定权的困难局面,塑造公平合理的国际空间秩序。在 2016 年和 2022 年的《空间政策白皮书》中,中国政府都强调中国要"加强国际空间法的研究,积极参与国际空间规则的制定"。

随着空间资源开发需求的增加和实践的扩大,目前的国际治理框架亟须更新。首先,中国支持利用多边机制来探索和规范空间资源的使用。然而,国际协议是一个长期的过程,各国很难在 5～10 年的短时期内达成共识,遵守和批准相关国际标准。因此,管理空间发展的现实方法是利用灵活和多边的国际合作机制,逐步制定和完善相关标准,考虑到技术欠发达国家的空间利益。在这个过程中,中国应根据自己目前的矿业利益和发展战略设计管理方案,并保持自己的话语权。其次,中国不应等待国际机制和国际立法的缓慢发展,而应尽快通过关于空间资源开发的国家政策和立法,促进相关实践和技术发展。

中国可结合特殊领域的资源开发机制(表 8-2),在土地资源开发理念的基础上,考虑到空间资源开发的特殊性和当地矿业和金属专家的意见,设计并实施一个功能平衡的空间资源开发管理机制。这一机制的主要内容是:第一,空间勘探和采矿条例,确定矿产勘探区域,批准公司的勘探申请,确认其权益;第二,依据采矿条例,批准公司的勘探区块开发申请,核实其开发计划、技术和环境保护能力;第三,与公司签订、审查和支持开发协议,全面和一致的国际开发机制、标准和准则,分享可持续发展和空间探索的利益。

中国不仅要积极参与国际治理机制的建设,也要完善国内的立法。要从产业、技术、战略、政策、法律等多方面探讨国内相关实践的推进和规范,并适时出台相关措施和法律。目前,中国企业在卫星遥感、航天发射和交付服务、矿业勘探、采矿技术开发、机器人、通信和电力等方面具有国际优势。这些企业可以通过参与空间资源的开发,开发有竞争力的技术和产品,获得市场份额和利润。中国政府应该为这些企业创造一个有利的环境,给他们成长的空间和时间。在这方面,中国可以效仿美国和卢森堡的做法,通过国家立法,明确企业探索和开发太空资源的合法性,并出台相关税收优惠政策和技术创新奖励措施,吸引社会资本和企业进行产业研发和实践。

表 8-2　可借鉴的国际资源开发机制

相关机制	管理模式	机制特点
《月球条约》	月球是全人类共同财产,国家或企业不得据为己有。各国共同管理、利益分享,防止航天大国垄断太空资源	机制仅具有共享功能,缺乏激励功能。国际社会参与度低,矿业大国均不加入条约,条约机制缺乏执行力和影响力
深海海底采矿制度和《采矿行为准则》	海底矿产资源是"人类共同继承财产",由国际海底管理局管理开发活动,独享资源的开采与分配权	机制强调共享功能。矿业大国纷纷申请勘查区块,但普遍未开始实质性开发
1988 年《南极矿产资源活动管理公约》	条约允许技术成熟、资金充的国家进行矿业开发活动。企业付税费进行开发。开发利益不要求各国共享	机制具有激励、共享与合作功能,但由于环境保护原因,国际社会无限期冻结了南极的采矿活动
公海捕鱼机制和《公海公约》《捕鱼与养护公海生物资源公约》	公海捕鱼自由。《联合国海洋法公约》禁止国家对公海提出主权与财产要求,但是各国可以开展捕鱼活动	机制强调激励功能,但在生物多样性养护和资源可持续利用方面有所不足

资料来源:涂亦楠.太空资源开发的现状与中国的立场[J].科技导报,2021,39(11):30-37.

最后,古罗马有一句名言:谁想实现和平,就应当做好充分的战争准备。面对国际安全环境和空间战略环境的严峻挑战,从国家安全战略的高度大力加强空间军事力量建设,及时维护我国国家安全和空间利益的迫切需求,也是建立新型强大军队的重要目标。特别是,中国应在军民融合发展太空资产方面发挥主导作用,包括促进双向技术转化、共享太空资产和双向资本流动。

第三节　人类生活中的"太空"

在这个广阔的生存空间里,最美妙、最深邃、最浩瀚的宇宙意义将成为人类奋斗的重要目标,人类的智慧和努力将超越千百年的无限时空,思想之花将在地球上开放,最终将形成独特的宇宙文化环境、文化结构和宇宙文化共同体。宇宙文化和地球文化将开始相互映照,形成宇宙文化的新格局。太空与人类生活的关系越来越密切,人类需要不断拓展太空探索的边界,开发和利用太空资源,为实现更好的人类繁荣和发展,提供更多的机遇和空间。

一、太空诗词歌赋

太空是一个神秘而未知的领域,对人们一直以来都具有极大的吸引力。太空中的星球、行星、星系、黑洞等奇妙景象常常激发了人们丰富的想象力,成为许多诗人、文学家、艺术家的灵感来源之一。从古至今,人们就不断用诗、歌、散文、小说等不同形式的作品来描述和赞美太空,表达自己对宇宙的向往、探索和想象。因此,关于太空的诗词歌赋便迎来了一次次的高峰,成为中国文化乃至世界文化中的一部分。同时,随着科技的不断发展,太空探索的进程也不断推进,这进一步刺激了人们对太空的兴趣和热情,也为创作更丰富的文学作品提供了更广阔的空间。

专栏 8-3　太空

[法国]马拉美

永恒的太空那晴朗的嘲讽

慵美如花,压得无力的诗人

难以忍受,他透过悲痛

贫瘠的荒漠,咒自己的才能。

逃跑,闭上眼睛,我感到太空

带着震惊的内疚在把我注视,

我心空空。往哪逃?夜色多惊恐,

抛,把它的碎片扼向这令人伤心的轻蔑?

雾啊,升起来吧! 把你们单调的灰烬

和褴褛的长雾全都倾倒在

被秋季灰白的沼泽淹没的天庭

筑起一个巨大宁静的华盖！

你，来自忘河的亲爱的烦恼

沿途找了些淤泥和苍白的芦竹，

以便用从不疲倦的手，把小鸟

恶意穿出的蓝色大洞一个个堵住。

还有！愿悲愁的烟囱不停地冒烟，

炭黑如浮的牢房拖着可怕的黑色雾气

遮住天际垂死的昏黄太阳！

——苍天已死。——朝着你，我奔跑。哦，物质，

让他把罪孽和残酷的非分之想忘掉，

这殉难者来这里分享

幸福的牲口般的人卧躺的垫草，

既然我空空的大脑最终像

扔在墙角的化妆品盒子，

不能再打扮我哭泣的思想，

我愿在草上悲伤地打着喷欠，面对黑暗的死⋯⋯

有何用！太空胜了，我听见它

在钟里歌唱。啊，我的灵魂，

也出声助虐，那可恶的胜利更使我害怕，

它来自活泼的金属，披着蓝色的钟声！

它穿过雾气，仍像从前那样

如一把利剑，刺穿你本能的苦痛；

在这无用的罪恶的反抗中逃往何方？

我被纠缠。太空！太空！太空！太空！

资料来源：马拉美，太空［EB/OL］.（2024-01-31）［2024-03-18］.
https://www.kekeshici.com/shige/waiguoshige/62941.html.

太空是人类赖以生存的星球以外的世界，其奇妙、神秘、未知的特质往往会激发人们的想象力，开启人类思维的新窗口，突破思维禁锢。太空诗词歌赋体现了人类对自然宇宙的向往、敬畏和认知，可以通过文学的表达帮助人们认识和探索自然宇宙的奥秘。当然，关于太空的诗词歌赋也是中华文化中的重要组成部分，它们承载着文人墨客对宇宙的感悟和思考，是中华文化的珍贵遗产。

二、民间——太空神话故事

早在古代,人们就开始用神话故事来解释太空中的天体现象和奇异景象,对太空中的各种现象和存在进行想象和探究。在不同的文化和民族中,有关太空的神话和故事也留下了许多不同的印记,这些故事包含了民族文化中的历史、信仰、生活和习俗等多个方面。其中既有描述太阳、月亮、星星等具体天体的神话,也有探讨人类对宇宙的渴望、对未知的探索和对神秘力量的敬畏的故事。随着科技的进步和对太空探索的不断深入,人们对太空的认识和理解也在不断更新和完善,并推动着太空神话和故事的不断更新和演变。

专栏 8-4 布依族的月亮神话

太古时代,天上有两个太阳,轮流在天空照射大地,致使大地没有昼夜之分,炎热的天气,让人类的生活十分不便。有一对夫妇勤奋地在田地里劳作,将睡着的婴儿稳稳放在树荫底下的石堆旁,并用棕叶遮蔽妥当。不料仍然被残酷的太阳活活晒死,变成蜥蜴躲进石堆缝里去。父亲知道这件事情,十分悲愤,发誓将太阳射下为孩子报仇。踏上旅途之前,父亲事先在家门口种上橘子树,就出发前往太阳上升之处,准备在太阳升空之前将它射死,射术精准的父亲果然射中太阳的一只眼睛,太阳的光芒顿时消失变成月亮,月亮闭着双眼,胡乱地伸手抓人,由于手掌太大,父亲从指缝中挣脱逃跑。由于一个太阳被人射伤成月亮,另一个太阳害怕,不敢升空照耀大地,于是大地陷入一片漆黑,大家无法出外工作,也寻不到食物,生活非常困苦。如果族人不得已一定要出门,都必须先投掷石头,由石头落地的声音判断前方是路还是深渊,一只出外觅食的山羌,被人们丢出的石头击中头部,血流如注,山羌忍不住疼痛,发出生气的吼叫声。这时,奇怪的事情发生了,躲藏的太阳竟然被山羌的吼叫声,吓到空中重新照耀大地,人们又恢复正常的起居,但是山羌的额头从此留下一个美丽的疤痕。后来,月亮传授射日的父亲各种祭典的仪式及禁忌,例如,狩猎及播种祭时不可贪吃甜食,否则会有荒年或打射不中猎物等;月圆时候要举行孩童祭,否则孩童会生病、死亡。父亲返回部落之后,开始教导族人办理祭祀事宜,当大家学会所有的祭典仪式,那棵橘子树已经长成大树。所以,布依族在进行祭典仪式的时候,都会以橘子树叶作为祭器。

资料来源：百度文库.布农族的月亮神话［EB/OL］.［2023-5-8］.
https://wenku.baidu.com/view/94722c912fc58bd63186bceb19e8b8f67
c1cef3e.html?_wkts_＝1681894752459&bdQuery＝％E5％B8％
83％E4％BE％9D％E6％97％8F％E7％9A％84％E6％9C％88％E4％
BA％AE％E7％A5％9E％E8％AF％9D.

人们的想象可以在太空这个领域中得到很大的发挥空间。关于太空的神话
故事可以通过各种奇妙的想象，带给人们极大的启迪和自由的想象空间。太空
神话故事往往描绘了英雄们勇敢探索的场景，这可以鼓舞人们勇敢面对未知和
探索未知的欲望；积淀了当地的历史、文化和各种信仰体系，这些故事可以帮助
人们了解和传承民族文化和传统；描述了自然宇宙中的各种美妙、神秘和奇妙的
现象，从而引导人们对自然宇宙的尊重和保护意识。

三、看向太空的眼睛——望远镜

为了探索宇宙的无限奥秘，人类一直在努力研究如何能够更好地观测太空
环境，进而发明了望远镜。从400年前伽利略发明的最简单的望远镜到后来的
韦伯太空望远镜，它们都凝聚了无数科学家的智慧。哈勃太空望远镜为这个不
断发展的事业做出了无与伦比的贡献。通过哈勃望远镜，我们再一次触摸到了
人类探索之魂。

用太空望远镜人类可以看到许多无法在地球上观测到的景象和现象，例如：
远离地球数十亿光年的星系和星云，使我们更好地了解宇宙的形成和演化；太阳
系中各种天体的表面，如行星、卫星、小行星和彗星等；宇宙中最大和最亮的物
体——恒星和黑洞，它们对宇宙的演化以及宇宙学的理解都很重要；通过观测宇
宙微波背景辐射，可以更好地理解暗物质和暗能量，而这是目前宇宙学中最大的
谜之一。

那么你知道第一个用望远镜看太空的人是谁吗？

专栏 8-5　第一个用望远镜看星星的人

第一架望远镜于1608年由荷兰人发明，主要用于航海领域。伽利
略在此基础上进行改造，随后便用望远镜看起了星星。望远镜不仅协
助他进一步印证了哥白尼的日心说，还让他看到了很多有趣的东西。
比如，伽利略惊讶地发现土星竟然长着两个"耳朵"！他苦思冥想，最后
认定这对"耳朵"是围绕土星的其他行星。可惜伽利略的望远镜清晰度

太低,他没能看出那对"耳朵"其实就是土星的光环。

资料来源:太空望远镜,接棒[J].红领巾(探索),2022,129(3):8-11.

宇宙是在大爆炸之后诞生的,但在哈勃望远镜之前,我们对它的历史一无所知。哈勃望远镜以前所未有的精度测量了遥远星系的位置以及它们在宇宙膨胀时的移动速度,从而揭开了这个谜团。这台轨道望远镜最终确定,宇宙的年龄约为137亿年。与此同时,哈勃望远镜和各种地面望远镜突然发现,宇宙的膨胀正在加速,而不是像科学家预测的那样放缓,这是由于星系的引力而不可避免地放缓。据哈勃太空望远镜的首席调查员戴夫—莱克龙说,宇宙加速膨胀背后的驱动力仍然是"科学史上最大的谜团之一"。这种被称为"暗能量"的排斥力占了宇宙中70%的能量。暗能量产生了许多关于宇宙起源的新理论,如冲突理论,它导致了宇宙中无休止的生与死的循环。暗能量造成宇宙大爆炸的可能性也越来越大。据Lecron称,未来在了解暗能量性质方面的进展可能需要特别的太空任务来探测它,"这应该在下个十年中期发射"。

哈勃太空望远镜是NASA和欧洲航天局(ESA)的联合项目,发现号航天飞机于1990年4月24日发射,随后于4月25日将哈勃望远镜送入轨道。几十年哈勃一直非常忙碌,它注视着星系、彗星、小行星、星云、行星和恒星,对约50000个天体目标进行了超过150万次成像。至今33岁的哈勃,让我们回头看看它拍出的宏伟太空。

(一)1991年:木星首张(彩色)照片

哈勃望远镜拍摄下木星的首张(彩色)照片。木星大气中的氨冰等物质构成了带状云,而右下角则是木星著名的大红斑——一个已经存在数个世纪,直径比地球还大的巨型风暴气旋(见图8-1)。

(二)2001年:马头星云

形似一匹长着帅气鬃毛的赤兔马头部,马头星云(也称巴纳德33)就由此得名。不过相比于亮眼星云的绚丽夺目,马头星云显得有些黯淡无光。这个暗星云由寒冷、致密的气体、尘埃云构成,它的形成过程与创生之柱相似。见图8-2。

(三)2011年:碰撞星系Arp 273

照片中较大的漩涡星系是UGC 1810,受伴星系UGC 1813的引力影响,其星盘发生了变形,扭曲成了盛放花朵的形状。UGC 1810星系为花,UGC 1813星系为茎,还有年轻而炽热的蓝星点缀在花瓣边缘——就这样,星系碰撞创造出了一朵宇宙"玫瑰"。见图8-3。

(四)2021年:毁灭边缘的巨星

天文学家将这个著名天文台对准了一颗璀璨的"名人星"——船底座AG

图 8-1　1991 年木星(彩色)照片

(资料来源:北京科技报[N]。2022-5-26,下同)

图 8-2　2011 年马头星云

图 8-3　2011 年碰撞星系 Arp273

图 8-4　2021 年毁灭边缘的巨星

(AG Carinae),这是我们银河系中最明亮的恒星之一,周围被炽热的气体和尘埃环绕着。船底座 AG 正处于崩溃的边缘,恒星的重力作用和向外辐射进行持久的拔河,以避免自我毁灭。围绕恒星的膨胀气体和尘埃壳大约有五光年宽,大约和我们到比邻星的距离相当。见图 8-4。

当然哈勃望远镜自发射升空并没有很快进入工作状态,传回来的第一张照片就较为模糊,这是怎么回事呢? 科学家经过仔细检查上万张图纸和各道工序记录,发现望远镜的主镜边缘磨得比正常值差了 2.2 微米,导致哈勃望远镜患上了"近视症",原本设计的观测精度是 0.1 角秒,现在变成了 0.7 角秒。

专栏 8-6　哈勃望远镜的五次维修经历

第一次

1993 年 12 月 2 日,"奋进号"飞船载着 7 名宇航员绕着哈勃望远镜运行,并由他们进入望远镜内部,拆卸了一些部件,并在哈勃的主镜前放置了一个预制的校正器。1994 年 1 月 13 日,科学家们在电脑屏幕前兴奋地等待着校正后的第一批哈勃图像。当 M100 星系令人难以置信的明亮图像出现在屏幕上时,科学家们激动得热泪盈眶——哈勃望远镜终于得救了。

第二次

1997 年 2 月 11 日,7 名宇航员乘坐发现号航天飞机返回太空,对哈勃望远镜进行了第二次维修。这一次,机组人员更换了望远镜的近红外相机和多功能光谱仪、望远镜的成像光谱仪、太阳能电池板,修复了望远镜表面的绝缘材料,并更换了一些严重损坏的设备。

第三次

除了更换哈勃太空望远镜上的所有六个陀螺仪(帮助 HST 准确对准天体的传感器)外,宇航员们还在 1999 年 12 月进行了第三次太空"救援",更换了比以前快 20 倍的计算机和比以前大 10 倍的数据记录器,提高了望远镜的速度。

第四次

2002 年 3 月 2 日,7 名宇航员再次踏上太空为哈勃太空望远镜进行例行维修和升级。这一次,维修工作包括安装现代观测相机,更换太阳能电池板,安装新的冷却系统,恢复红外线视觉等。这一次,哈勃望远镜的新电气系统被更换,这将使望远镜在未来几年的轨道上保持更稳定的状态。

第五次

2003 年哥伦比亚号航天飞机坠毁,7 名宇航员全部遇难,这使得美国国家航空航天局(NASA)领导层对整修哈勃望远镜犹豫不决。然而,哈勃望远镜的巨大贡献长期以来一直被世界各地的人们所期待,宇航员和科学家都期待着它的修复。

2009 年 5 月 11 日,七名宇航员在太空中用最先进的仪器和设备替换了哈勃望远镜,拆除了旧的部件,修复了有问题的部件,并更换了六个陀螺仪。这次大修使哈勃望远镜的寿命至少延长了 10 年。

资料来源:郭红锋.哈勃望远镜维修——太空探索故事(4)[J].军事文摘,2022,512(8):48-51.

自哈勃望远镜在1990年投入运行以来,它一直积累了巨大的数据,并在后30年中为宇宙研究做出了很大的贡献。我们了解到,哈勃望远镜采用的是20世纪90年代的技术,从红外线和紫外线,到能源管理和信号发射,所有这些技术都已经过时并且容易出现故障。显然,技术过时妨碍了哈勃望远镜持续更高效地工作。正因如此,哈勃望远镜需要耗费巨大的维修和维护成本。此外,太空环境对哈勃望远镜的设备和仪器也产生了深远的影响,从而导致设备和仪器受到损坏。每一次修复和升级都非常昂贵,而这些成本会继续增加,特别是考虑到美国国家航空航天局已经停止了太空梭计划。

詹姆斯—韦伯太空望远镜(JWST)的发射对于原定发射日期推迟了数年,它已于2021年12月25日由阿丽亚娜5号火箭发射,并进入围绕地球上拉格朗日L2点的15×10公里轨道。JWST是NASA的下一代轨道红外观测站,是有史以来最大最强大的太空望远镜,补充和扩展哈勃太空望远镜(HST)的发现能力,以更长的波长和更高的灵敏度研究宇宙。JWST将使我们更接近大爆炸的起源,找到第一个无法观察到的星系,并观察恒星、行星系统和系外行星形成的尘埃云内部,同时它的威力将有助于回答许多科学问题,并开创天文观测的"阿波罗时代"。

四、太空旅游与太空经济

(一)太空旅游

太空旅游指的是乘坐太空飞船或太空站到太空体验宇宙而非地球上的旅游活动,这将是人类历史上前所未有的体验。尽管这个想法看起来非常激动人心,但现实情况下,太空旅游的机会非常渺茫。

在太空旅游发生之前,有很多技术和工程问题要解决。首先人类还没有完全掌握将人类安全地送入太空,并在太空中活动的技术。如火箭、太空舱、太空船以及太空生命保障系统将是在未来几十年内必须加以解决的问题。其次,太空是一个极其危险的环境。辐射、微重力和太空飞行器之间的冲撞可能会对太空飞行产生极大的风险和威胁。然而,随着技术的不断进步和太空旅游市场的不断增长,许多组织和公司正在开发太空旅游产品。对于太空探索激情狂潮的旅客来说,太空旅行将是目前最受欢迎的旅游目的地,也是未来很长时间的主导市场。

事实已经证明,对于亚马逊公司创立人杰夫·贝佐斯(Jeff Bezos)和《星舰迷航》主演威廉·夏特纳(William Shatner)来说,离开我们的地球桎梏的诱惑十分强大,因为这两人2021年先后乘坐蓝色起源公司的飞行器进入太空。2021年,理查德·布兰森(Richard Branson)在维珍银河公司的试验飞行中飞出地球。然而,太空旅游在不久后就可能不仅仅对亿万富翁们开放。事实上,根据市场观察(MarkeWatch)网站的预测,太空旅游市场会从2020年的8.86亿美元不断增长,到2027年时达到25亿美元。

根据目的和花费的不同,太空旅行可以简单分为3类。

第一种是亚轨道旅游,它允许你达到离地球表面80多公里的高度,正如维珍银河公司这次所做的那样。这可以让乘客在太空中体验短暂的失重状态,并能看到地球的景色。维珍银河公司本质上是一个火箭飞机,因此在技术成熟度和成本方面具有最大优势。根据维珍银河公司的计算,目前亚轨道旅行的价格约为25万美元,如果未来能降至20万元人民币,必将吸引众多中产阶级,催生新的消费市场。中国空间探测技术首席科学传播专家庞之浩认为,亚轨道太空旅游降低了太空旅游的门槛。"就价格而言,亚轨道飞行比轨道飞行便宜得多,随着技术的成熟和普及,价格应该还有更大的下降空间。在时间成本方面,亚轨道太空旅行也比轨道太空旅行便宜得多,轨道太空旅行不仅总的旅行时间长,而且前期训练时间也长,通常需要六个月的体能训练等,而亚轨道旅行通常只需要几天的训练就足够。"

第二种是贝索斯的蓝色起源公司,这是一家以液体为燃料的火箭公司,将把航天器送到地球上空100多公里处,并提供深空旅游和选择入住太空酒店。英国太空旅行社Rocket Breakthrough计划于2027年在旅行者号空间站上推出一家酒店,将提供五星级酒店的所有标准服务,包括水疗、健身中心、酒吧、咖啡馆、餐厅等。

第三种是深度游。美国私人航天公司Axiom Space在2022年初利用SpaceX系统将两名富人送入空间站,并在太空停留8天。随着短途太空飞行的门槛不断降低,前往更深的太空旅行将成为非常富有的人的一个新的家庭市场。对太空旅游不断增长的需求也意味着未来将有越来越多的资本流入这一领域。

专栏8-7　太空旅行日记

全球第一位太空游客蒂托在自己的太空日记中写道:"第二天,因为弄坏了一个吸管,我不得不支付了55000美元,天啊!""为此不得不请求他们,让我可以在他们做实验的时候把我固定在一个角落里看

DVD——只有电影是可以选择的""第七天,我的假期结束了。2000 万美元也结束了! 殷勤的接待称不上,但那种失重的感觉绝对值这些钱。现在回到正常的重力状态了,沉重的胳膊,更沉重的腿,唯一轻下来的东西是——皮夹子!"

资料来源:卢萌,本刊资料.太空旅行漫游指南[J].新晋商,2013,102(11):90-95.

(二)太空经济

中国太空经济未来如何布局?

空间经济的门槛仍然很高,私营企业和国家大国能够在空间领域竞争,罕见的是在许多情况下不输。如今,世界上许多国家都制定了空间战略,其长期目标是成为"最具创新性和令人兴奋的空间经济之一"。一些国家,如英国,每年的太空产业价值已经超过 100 亿英镑,相当于全球空间市场的 6%,并且仍计划在十年内将其翻倍。但更重要的是,世界上只有美国、中国、俄罗斯、法国、日本、英国、印度、以色列、伊朗和芬兰有能力开发和发射自己的卫星,而其他国家必须购买卫星服务。只有美国、中国、俄罗斯和欧洲拥有完整的空间系统,可以提供整个产业链。新空间时代的关键问题是"我们如何在政府和产业之间找到有效的合作模式?"。这个问题的答案将对太空经济的发展速度产生影响。业内专家认为,随着行业中新的参与者和技术的出现,火箭和卫星的服务和市场越来越开放,这些服务的价格也在迅速下降,改变了航天技术的高技术和高投资的格局,降低了参与这一领域的门槛。最初由国家主导的航天产业,正逐步进入大众消费时代,并最终由普通民众主导。

1. 积极发展太空基础设施

太空基础设施是太空经济的基础,包括运载火箭、卫星、空间站等设施。在这方面,中国已经取得了一些成果,发展了运载火箭系列化和卫星搭载能力,还成功发射了天宫二号空间站。未来中国应该在太空站空间生态圈建设、深空探测、载人航天等方面加强研发和布局,迈向太空基础设施全球领先。

2. 加强卫星商业化应用

卫星是太空经济中的重要组成部分,具有广泛的商业应用。中国的北斗导航系统已成为中国卫星商业化应用的代表性项目。未来中国能够在卫星通信、地理信息、气象遥感等领域拓展商业化应用,不断提高卫星产业的附加值和国际竞争力。

3. 推动太空技术的创新研发

太空技术是实现太空经济发展的重要保障,包括载人航天、深空探测、空间科学等领域。中国太空技术已经取得了一定成就,但还需要持续创新研发,推动太空技术不断向前发展。未来,中国可以在微重力材料加工、空间生命科学、航天智能控制等领域深入探索,推动太空技术的跨越式发展。

4. 加强国际合作与交流

太空经济是一个全球化的领域,加强国际合作与交流可以帮助中国太空经济更好地融入全球市场。同时,国际合作也可以为中国太空经济提供技术、资金和人才等方面的支持。在未来,中国可以通过加入国际组织、签订国际协议等多种方式拓展国际合作范围,加强国际交流与沟通。

第四节　太空利用保护与治理

人类对环境的破坏已经引起了越来越多的环境问题,大量的废弃物排放到大气中导致空气污染,土地的开垦和过度利用则导致了水土流失和生境破坏等问题。而对于太空环境来说,人类的活动同样会引起一系列的污染和破坏,这将进一步加剧地球环境的恶化。

太空中的碎片是一大污染源。人造卫星、火箭残骸、太空垃圾等物质残余在空中飘荡,虽然它们看上去微小,却足以引发太空环境的破坏。碎片的不断积累将对太空的环境健康产生长期影响。例如,碎片的不断增多将增加事故的风险,可能导致太空残骸落入地球,其中携带的有害物质会进一步污染地球的环境。

太空辐射也是威胁人类的健康的因素之一。太空环境中辐射的能量比地球大得多,太空辐射对航天员和卫星的影响是很大的,可能导致健康问题。例如,辐射可能导致免疫系统的受损、癌症的增加等问题。这种辐射还可以损坏卫星上的电子器件,导致卫星的故障或失效。

太空环境受到破坏后,可能会对人类长期发展产生重大的负面影响。太空活动所需要的资源有限,而飞船、航天器、卫星等设备的使用寿命受到众多因素的影响,如果不能合理利用已有的资源,那么很快我们就会面临资源短缺的危机。更何况,资源的浪费以及无序排放太空垃圾都会影响太空活动的可持续发展。

自 20 世纪 50 年代以来,太空科技就成为国际军备竞赛的重要内容。在现代军事中,太空特别是卫星通信在军事领域起到了举足轻重的作用。由于卫星通信在军事侦察、战场指挥、武器升级等方面的应用,其遭到其他国家的关注和威胁。污染和破坏太空环境将导致战备任务和其他安全活动的失真,导致国家战略目标受到挑战。

太空环境保护早已成为国际社会的共同关注,世界各个国家已经意识到了太空环境保护的重要性。在国际层面上,联合国已经制定了一些关于太空环境保护的相关法规。2019 年 7 月,联合国在维也纳召开了太空环境保护委员会,并制定了联合国指导方针以规范国际太空活动。各个国家要共同制定环境保护准则,加强监测和治理,合理使用太空资源和共享太空空间。这项任务涵盖了多个领域,包括技术开发、合作机制、国际约束机制等。各国必须履行自己的责任,共同维护太空环境保护国际共识。

专栏 8-8　2023 年中国航天日,关注"天空、太空乃至外太空的环境保护"

4 月 24 日为中国航天日(Space Day of China),2023 年中国航天日的主题为"格物致知　叩问苍穹"。中国生物多样性保护与绿色发展基金会(中国绿发会)星空工作委员会呼吁关注"天空、太空乃至外太空的环境保护"。

"格物致知",语出《礼记·大学》。格物是致知的基础,即探究万事万物的本末,获得更多更广泛的知识。叩问,出自《警世通言》,意为含有敬意的询问、打听。从载人航天到深空探测,再到建造中国空间站,格物致知,叩问苍穹,中华民族从未停止探索浩瀚宇宙的坚定步伐!

值此中国航天日,中国绿发会作为全国一级学会、环境保护的支持者和践行者,特别关注"天空、太空乃至外太空的环境保护"。相信大家对刚刚过去的世界地球日仍记忆犹新,今年世界地球日的主题为"众生的地球"(Earth for All);在呼吁大家保护地球生命共同体的同时,我们也该意识到,地球的天空是众生的天空,地球的太空是众生的太空,地球的外太空也是众生的外太空。天空的保护、太空的保护和外太空的保护都迫在眉睫,航天器频段垃圾、太空垃圾将越来越成为人类的重大环境问题。

脚踏实地,才能拥抱星空;格物致知,方可叩问苍穹。在此,我们呼吁大家遵守生态文明时代的全球性行为准则,以更好地保护"众生"的天空、太空和外太空环境。

资料来源:中国绿会.2023 年中国航天日,关注"天空、太空乃至外太空的环境保护"[EB/OL].(2023-04-24)[2023-07-18]. https://www.bilibili.com/read/cv23269988/.

总之,保护太空环境对于人类的生存和发展有着极为重要的意义。我们需要重视太空环境保护工作,制定相关监管措施和政策,加强国际合作,共同致力于维护太空环境的健康和可持续。只有这样,我们才能在太空里实现人类的探索和梦想,为世界的和平和发展做出贡献。

参考文献

[1] 32年,32张图,回顾哈勃望远镜拍摄的那些宇宙级美景,北京科技报[EB/OL]. (2022-05-06)[2023-05-10]. https://baijiahao. baidu. com/s? id=1732037885792834849&wfr=spider&for=pc.

[2] 百度文库.布农族的月亮神话[EB/OL]. [2023-5-8]. https://wenku. baidu. com/view/94722c912fc58bd63186bceb19e8b8f67c1cef3e. html?_wkts_=1681894752459&bdQuery=%E5%B8%83%E4%BE%9D%E6%97%8F%E7%9A%84%E6%9C%88%E4%BA%AE%E7%A5%9E%E8%AF%9D.

[3] 高斯寒,詹姆斯·麦肯齐.全民太空:地球以外的巨大商机[J].世界科学,2022,527(11):52-53.

[4] 郭红锋.哈勃望远镜维修——太空探索故事(4)[J].军事文摘,2022,512(8):48-51.

[5] 何奇松,黄建余.太空治理规则:倡议竞争、合作困境及未来出路[J].国际论坛,2022,24(4):61-84+157-158.

[6] 何绍改.巡天遥探宇宙魂——聚焦哈勃太空望远镜[J].国防科技工业,2008(6):65-68.

[7] 姜涛.现代航天技术与国际政治[D].长沙:国防科学技术大学,2003.

[8] 科学领域创作者.NASA拟探测金属行星,开启太空"挖矿"之旅,到底有多难? [EB/OL]. (2021-11-23)[2023-07-18]. https://baijiahao. baidu. com/s? id=1717165826777287861&wfr=spider&for=pc,2021.

[9] 李婧.太空探索的伦理问题及哲学思考[D].锦州:渤海大学,2021.

[10] 卢萌,本刊资料.太空旅行漫游指南[J].新晋商,2013,102(11):90-95.

[11] 鲁开开.外空自然资源开采的国际法问题研究[D].成都:西南政法大学,2018.

[12] 马拉美.太空[EB/OL]. (2019-05-13)[2023-07-18]. https://www. kekeshici. com/shige/waiguoshige/62941. html.

[13] 孙兴丽,刘晓煌,刘晓洁,高娟,朱樟柳,郑文艺.面向统一管理的自然资源分类体系研究[J].资源科学,2020,42(10):1860-1869.

［14］太空旅行：或许不再遥不可及？［J］.今日科技,2021(9):38-40.

［15］太空望远镜,接棒［J］.红领巾(探索),2022,1291(3):8-11.

［16］谭东.航天-太空中的资源有多少［M］.成都:天津科学技术出版社,2010.

［17］涂亦楠.太空资源开发的现状与中国的立场［J］.科技导报,2021,39(11):30-37.

［18］王金晔.遥望太空经济［J］.产城,2021(10):76-77.

［19］王帅.“詹姆斯·韦伯空间望远镜”开启天文观测的“阿波罗”时代［J］.国际太空,2022,517(1):10-15.

［20］王晓海.太空资源的科学开发与合理利用［J］.数字通信世界,2006(11):64-66.

［21］魏岳江.数据链与“星链”融合成为战争指挥信息中枢［N］.中国航空报,2022-11-15.

［22］武宇,李林,冯伟.美国太空领域动向分析及启示［J］.国际太空,2022(5):11-15.

［23］颜士州.太空育种不是梦［J］.新教育,2023,556(3):18-19.

［24］杨孝.哈勃太空望远镜与宇宙之谜［J］.温州瞭望,2007,70(19):94-95.

［25］伊斯.我国航天活动对经济生活的影响［J］.国防科技工业,2007(12):23-25.

［26］袁静伟,柴宏亮,曾小萌.遨游太空的奥秘［J］.小溪流(儿童号),2022,958(12):51-56.

［27］张磊.国际太空治理探析:历史演变、影响因素与中国的参与［J］.国际观察,2022(6):107-129.

［28］张学礼.太空——未来人类文化繁衍的新领域［J］.未来与发展,1990(4):22-25.

［29］张耀军,江训斌.从大国太空争夺看“太空丝绸之路”建设进路［J］.国际研究参考,2021(2):17-24.

［30］郑娟,李理,董康生,邸启军.美国天军发展动态浅析［J］.国际太空,2022(3):53-58.

［31］中国绿会.2023年中国航天日,关注“天空、太空乃至外太空的环境保护”［EB/OL］.（2023-04-24）［2023-07-18］.https://www.bilibili.com/read/cv23269988/

［32］周碧松.浩渺太空的竞相角逐［M］.北京:军事科学出版社,2014.